NATIONAL GEOGRAPHIC

国家地理图解万物大百科

# 鸟类

西班牙 Sol90 公司 编著　　康 健 译

江苏凤凰科学技术出版社 · 南京

# 目录

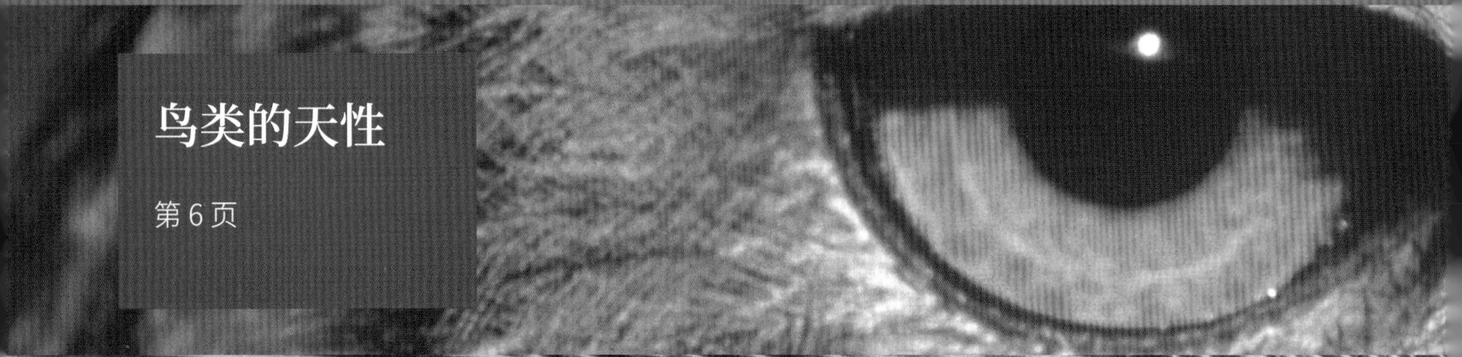

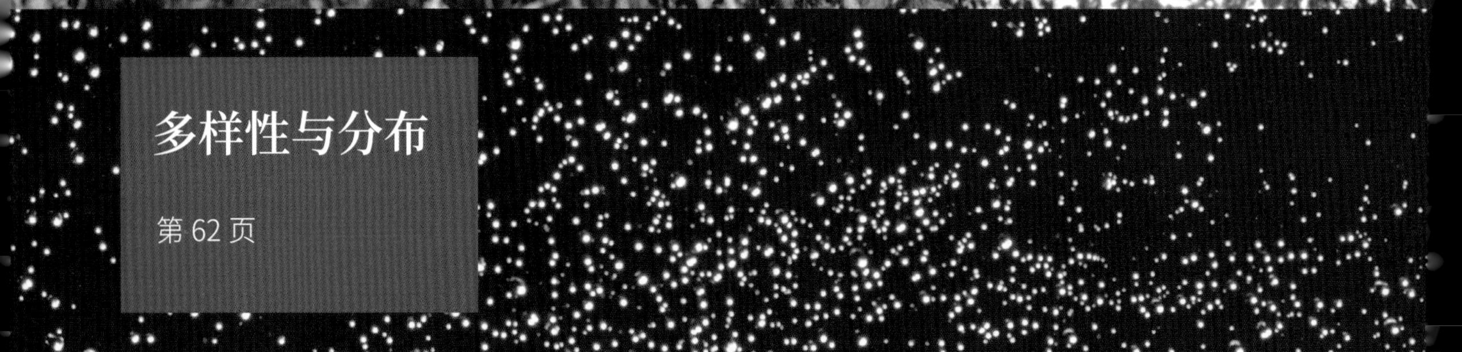

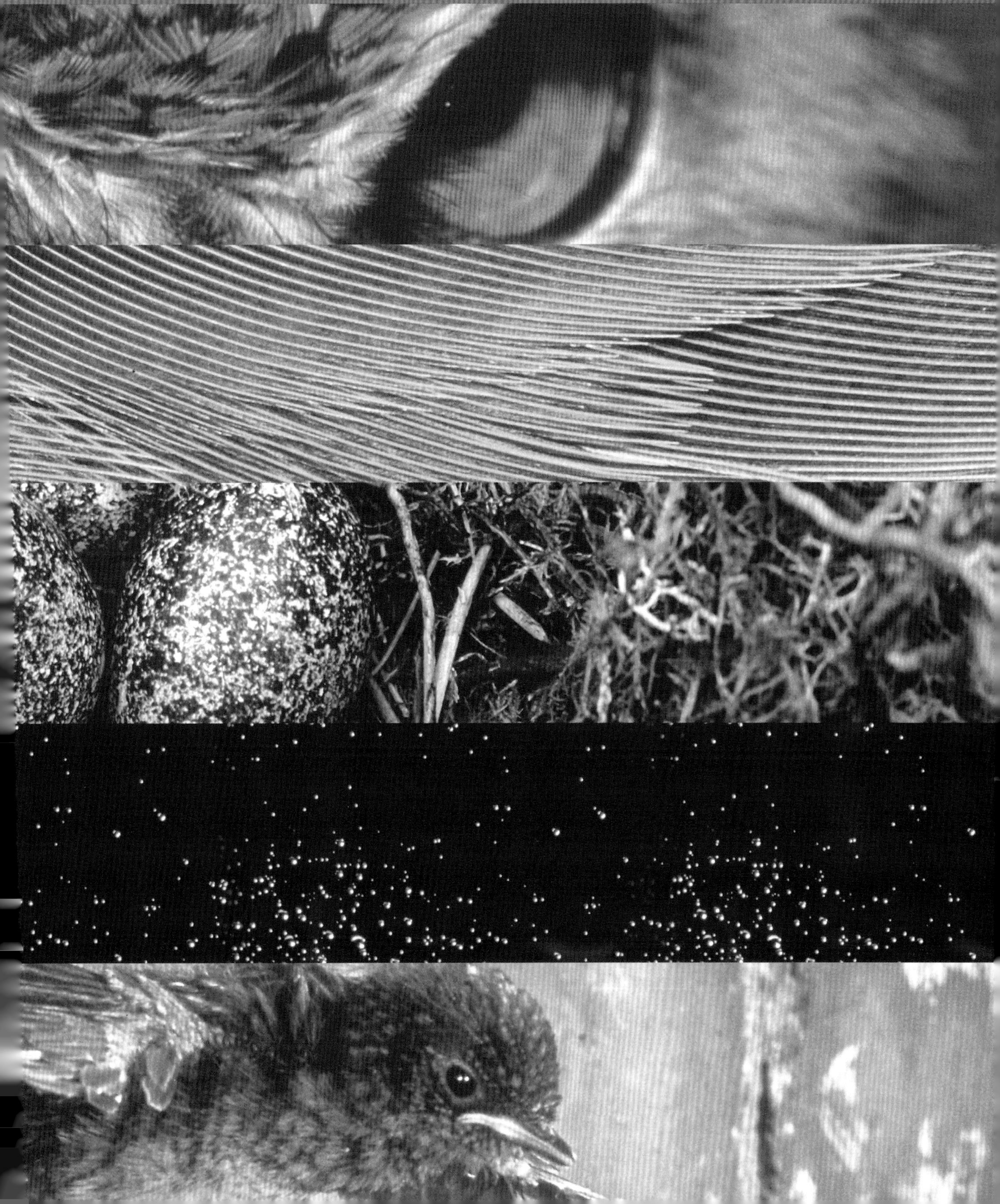

# 鸟类世界

欢迎进入鸟类的世界，本书将带你一起畅游这个丰富多彩的别样世界。书中不仅配有精美的插图和详尽的图示说明，而且版式活泼新颖，内容简单易懂。随着阅读的深入，你会发现有关这些地球居民的秘密。根据对生物进化史的研究，鸟类出现的时间早于人类出现的时间。大部分鸟类都拥有一项令人十分羡慕的能力——飞行，这不但赋予诗人灵感，而且还给各种科学实验带来启示。飞行能力使鸟类可以远眺地球上的海洋、山川、河流、城市及其他地方。据估计，在这颗蓝色星球上，每年有超过 40 亿只候鸟随着季节迁徙。很多鸟类能够飞行数万千米，穿越茫茫戈壁、飞越惊涛骇浪，

**大白鹭**（*Egretta alba*）
生活在河流、湖泊和池塘附近，很容易识别。

最终到达非洲或南极洲。有些鸟类根据太阳、月亮和星辰的位置辨别方向；有些鸟类跟随着它们的父母迁徙，以河流或山川的走向作为参照。一般来说，小型鸟在飞越各大洲的迁徙途中会停下来觅食，以补充能量。尽管中途会有停歇，但是鸟类迁徙的速度还是快得惊人。研究表明，有些小型鸟类能够在五六天的时间内飞行近 4 000 千米。而信鸽和白冠带鹀每天的飞行距离超过 1 000 千米。有些野鸭（比如蓝翅鸭）能够在 35 天内从加拿大飞抵墨西哥中部，途中仅需停歇几次来补充食物。

无论是藏身于丛林之中、翱翔于高山之巅，还是筑巢于南极洲或摩天大厦之上，鸟类总能令人类感到惊奇。其原因在于鸟类的行为及种群之间的差异，而这却是一个未解之谜。与其他脊椎动物相比，鸟类是除鱼类外种类最多的类群。成年鸟的体重差异很大，既有仅重 1.6 克的蜂鸟，也有重达 150 千克的非洲鸵鸟。尽管绝大部分鸟类都会飞行，但也有一些鸟类，例如鹬鸵（几维鸟）、美洲鸵鸟和非洲鸵鸟，是擅长奔跑而不会飞的。有些鸟类非常适应水栖生活，因此它们生活在海洋、河流或湖泊里。由于生存环境不同，这些鸟类的足部和喙的形状也各不相同。有些水生鸟类的喙经过长期的进化，能够过滤水中的细小微粒，而猛禽则长有弯曲而有力的喙，帮助它们叼住并撕碎猎物。由于鸟类丰富的多样性及其分布的广泛性，它们赖以生存的食物也大不相同。一般来说，鸟类主要的食物来源是昆虫，它们也食用水果、种子、花蜜、花粉、植物叶片、腐肉甚至其他脊椎动物。大部分鸟类都在巢中产卵。尤其值得一提的是，无论是雄鸟还是雌鸟都有保护幼鸟的倾向。成鸟会照料幼鸟，提醒并保护幼鸟远离捕食者，引导幼鸟飞到适合它们生存及觅食的安全地带。接下来，我们邀你一同探索这种能够奔跑、攀爬、游泳、潜水并翱翔于蓝天的迷人生物。●

# 鸟类的天性

很多科学家认为鸟类起源于恐龙，因为人们发现了长有羽毛的恐龙化石标本。作为一个类群，鸟类的视力好得惊人，从身体比例来看，鸟类的眼睛是世界上最大的。此外，鸟类的骨骼非常轻，非常适合飞行。正如鸟类的喙一样，鸟类的

海角雕鸮
这种鸮类是非洲本土猫头鹰，以其他鸟类和哺乳动物为食。

足也因各种鸟类的功能和特殊要求而发生变化。举例来说，步禽类与其他脊椎类群一样，出现足趾个数减少的明显倾向，如非洲鸵鸟就仅有 2 个足趾。有些猛禽，例如鹰，则长有锋利的弯钩状爪。●

# 羽毛之外

当对鸟类进行定义的时候，我们认为，鸟类是一种具有无齿喙、前肢变形为双翼且全身覆盖着羽毛的动物。鸟类的其他显著特征还包括：它们属于温血动物，其骨骼为气质骨（骨骼中空，含有气囊而不是骨髓）。鸟类拥有高效的循环和呼吸系统、强健的神经肌肉和优秀的感官协调能力。●

## 多样性与一致性

我们能够在各种环境下发现鸟类的身影：水中、空中、陆地上，以及极地地区和热带区域。鸟类对环境的适应性非常强。尽管如此，鸟类仍然是种群成员间差异表现最小的物种之一。

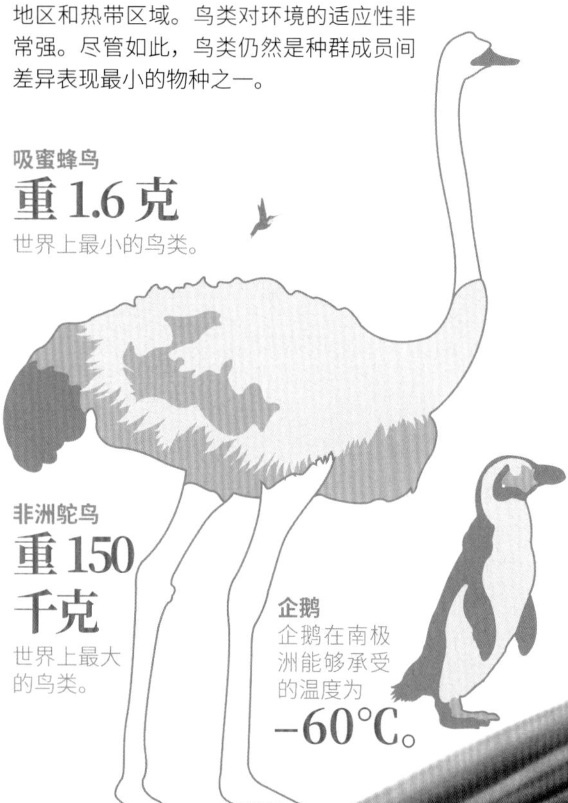

**吸蜜蜂鸟**

**重 1.6 克**

世界上最小的鸟类。

**非洲鸵鸟**

**重 150 千克**

世界上最大的鸟类。

**企鹅**

企鹅在南极洲能够承受的温度为

**-60℃。**

**白喉带鹀**

一种生活在北美洲和伊比利亚半岛的小型鸟类。

## 飞行适应性

一些重要的解剖学和生理学特征解释了鸟类具有飞行能力的原因。鸟类的身体和羽毛能够减少与空气的摩擦并增加浮力。发达的肌肉、极轻的骨骼、独特的气囊和封闭式双重循环系统也对鸟类的飞行能力起着重要作用。

**羽毛**

独一无二，在地球上现存的动物中，只有鸟类拥有羽毛。鸟类羽毛的结构、多样性及定期换羽的特性都令人瞩目。

**鸟类的正常体温约为**

**40℃。**

**翅膀**

翅膀在飞行时起推动前进、维持平衡和指引方向的作用。为了适应飞行，翅膀的骨骼都发生了改变，并且翅膀上长有与众不同的羽毛。

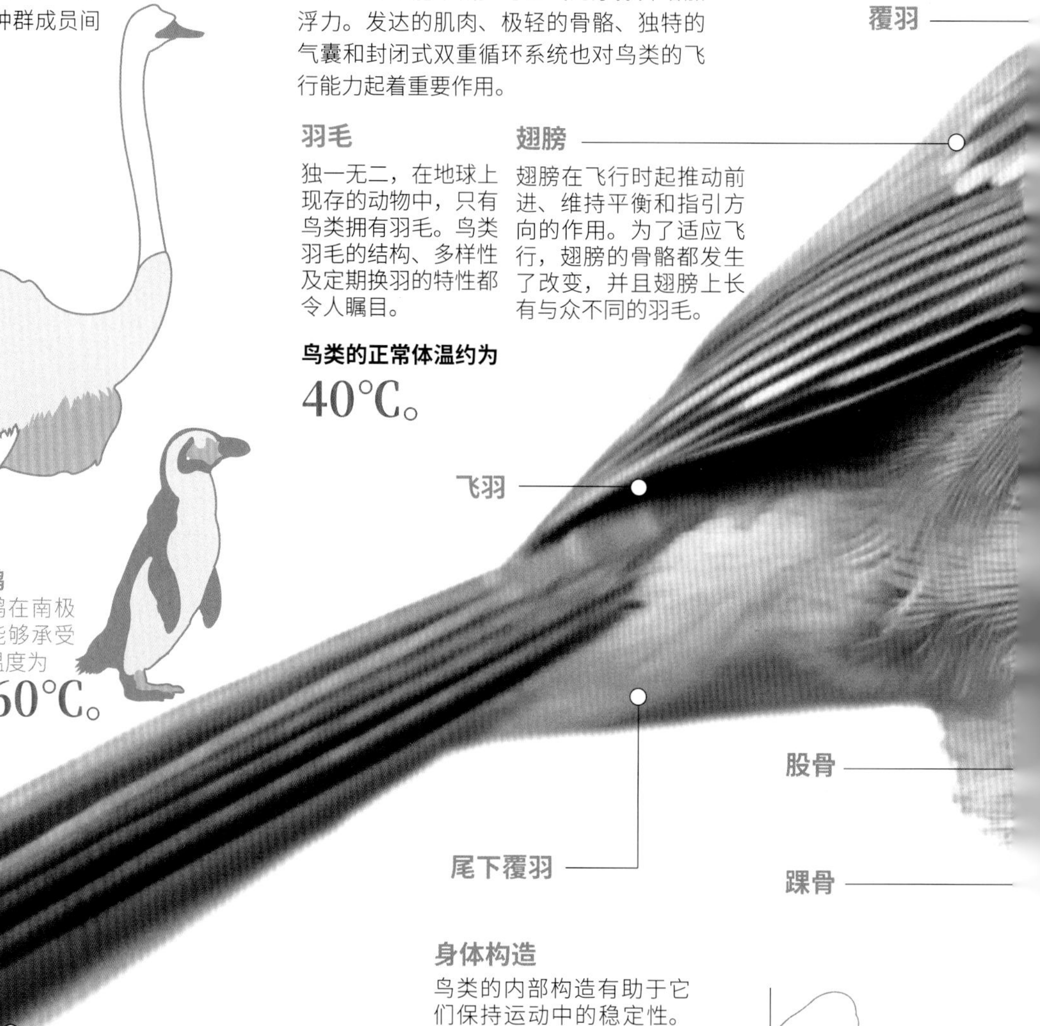


**尾巴**

最后几块椎骨愈合形成一块尾综骨。尾羽生长在这一区域。

**身体构造**

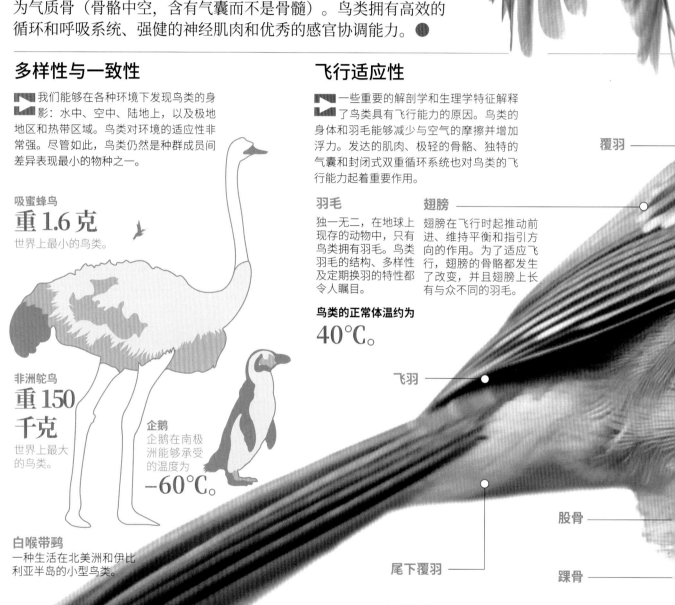

鸟类的内部构造有助于它们保持运动中的稳定性。爪和翅的位置能帮助鸟类把身体的重量集中到重心点附近。

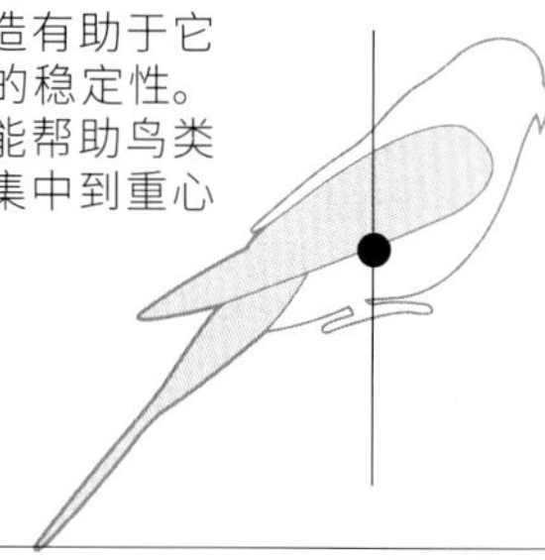

### 感官

强大的视觉敏锐度和发达的听觉。

### 喙

生长在表皮层，坚实耐用，其密度类似于鹿角。它同趾甲和羽毛一样可不断生长。

### 足

鸟类能用它们的足趾在地上行走。一般而言，鸟类是3趾向前，1趾向后。

### 识别鸟类

鸟类在羽衣和皮肤方面的差异能够帮助人类识别它们的种类，而喙的不同形态也可以帮助人们划分鸟类的类群。

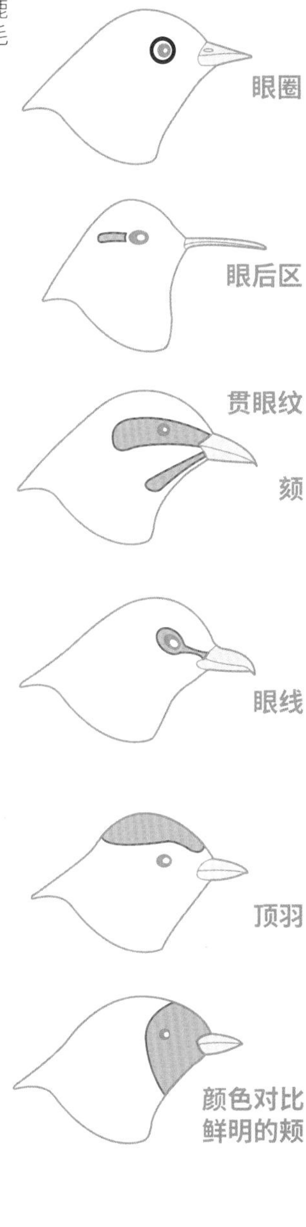


### 鸣禽

属于雀形目，是鸟类中数量最多的类群。它们的特征是鸣管发达，能够发出和谐悦耳的鸣啼和啭声，且全身覆盖色彩斑斓的柔软羽衣。由于它们的脑部较为发达，因此人们认为雀形目是较晚出现的鸟类类群。

# 起 源

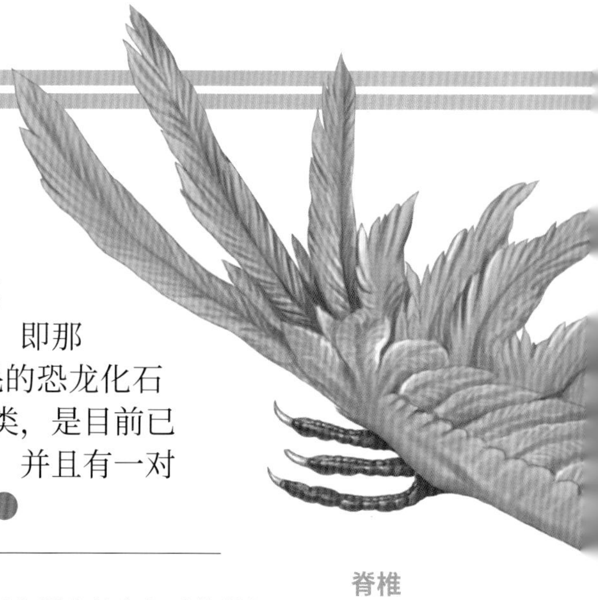

鸟类的进化在自然科学界是一个备受争议的课题。其中最普遍的理论认为鸟类起源于兽脚亚目的恐龙，即那种用两条腿行走的肉食恐龙。目前已经发现了长有羽毛的恐龙化石样本。而始祖鸟，一种生活在约 1.5 亿年以前的原始鸟类，是目前已知的较为古老的鸟类近亲之一。始祖鸟全身长满了羽毛，并且有一对能够飞行的翅膀，但是它仍然保留着很多恐龙的特征。

**印石板始祖鸟**

生活在约 1.5 亿年前的侏罗纪。

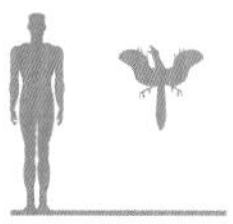

与人类相比

| | |
|---|---|
| 目 | 蜥臀目 |
| 亚目 | 兽脚亚目 |
| 食物 | 食肉性动物 |
| 长度 | 25 厘米 |
| 高度 | 20~30 厘米 |
| 重量 | 500 克 |

**长有牙齿的爬行动物的颌骨**

与现代鸟类不同，它没有角质的喙。在上下颌骨上各长有一排紧凑而锋利的牙齿。

**脊椎**

可以活动。颈椎具有像兽脚类动物一样的凹形接缝，而不是像鸟类一样的鞍形接缝。

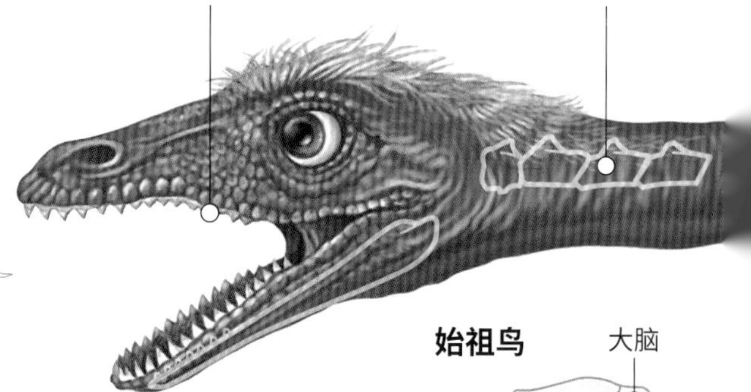

**从爬行动物到鸟类**

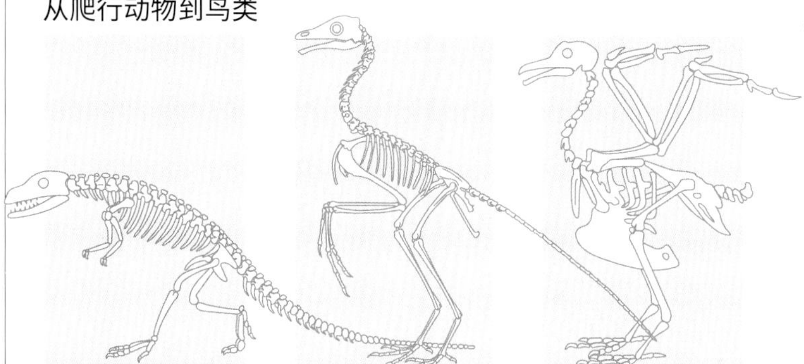

**兽脚亚目爬行动物**
三叠纪

**始祖鸟**
侏罗纪

**鸽子**
存活于今日

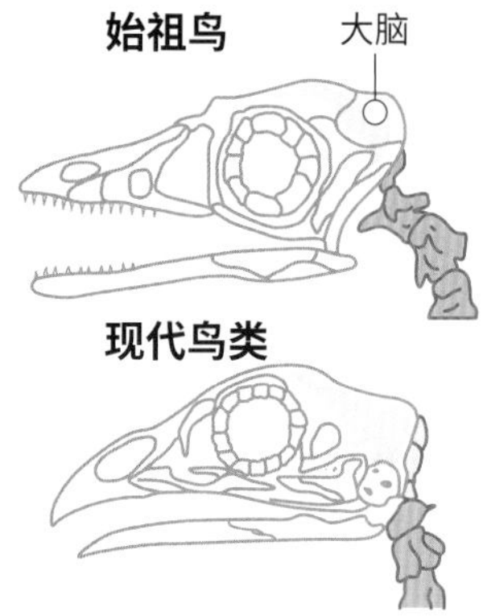


**颅骨**

与现代的爬行动物和早期兽脚类动物类似。大脑与耳朵的位置说明它们具有很强的方向感并且能够完成复杂的动作。

## 化石

1864—1993 年陆续出土了一些始祖鸟化石。出土于德国巴伐利亚地区的第一块化石意义重大，因为它的发现时间正好与查尔斯·达尔文的《物种起源》的出版时间一致，当时科学家对寻找进化过程中缺失的环节极其感兴趣。这块化石保存在大英博物馆，而另一块包括头骨在内的化石则保存于柏林博物馆。

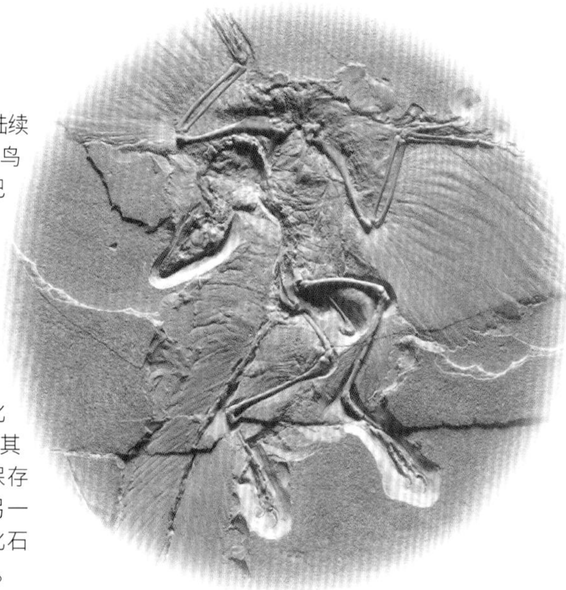

**从前肢变为翅膀**

与原始恐龙相比，始祖鸟前肢的活动范围更大。

**始祖鸟生活在约 1.5 亿年前。**

带有爪的 3 趾
前肢长出 3 趾，每趾都长有强壮有力的弯爪。
适于爬树的爪
腕
与现代鸟类相比，始祖鸟的腕关节更加灵活，这是与恐龙相同的特征。
叉骨
（愈合的锁骨）形状类似飞去来器，跟很多兽脚亚目恐龙的叉骨一样。
肋骨
腹部长有肋骨（腹肋），是爬行动物和恐龙的典型特征。
与蜥蜴类似的骨盆
长有初龙类的耻骨,而不是鸟类的。
脊椎动物的尾巴
一条由 21 或 22 节尾椎骨组成的长尾巴。现代鸟类的尾椎骨愈合成一根“尾综骨”。
飞行时，尾巴的作用类似于舵。在陆地上行走时，尾巴起平衡作用。
未愈合的跖骨
现代鸟类的跗骨和跖骨愈合为跗跖骨。
足趾
足部在机能上具备 3 趾功能。第一趾（后趾）通常向后，不与地面接触，且与现代鸟类一样可与其他足趾相对，即可以与第二、第三和第四趾交向运动。
关节靠前，
肢运动受到
关节的限制。
盗龙生活在
00 万 —6 500 万
前。
与始祖鸟相比，现代鸟类翅膀的活动范围更大。
现代鸽子
印石板始祖鸟
复原图

# 骨骼和肌肉组织

为了适应飞行，鸟类的骨骼在经历了重大改变后变得轻而坚韧。有些骨骼愈合在一起，比如颅骨和翅膀部分的一些骨骼，所以重量变轻了。与其他脊椎动物相比，鸟类的骨骼数量要少得多。由于鸟类骨骼中空且内部有气囊，所以鸟类骨骼的总重量比它自身羽毛的重量还轻。鸟类的颈椎非常灵活，胸腔处的脊椎则非常坚实，在胸腔内长有前缘弯曲的胸骨。鸟类胸骨的独特之处是具有发达的龙骨突，胸肌附于龙骨突之上。大部分鸟类的胸肌发达而强壮，这有利于扇动两翼飞行。相比之下，非洲鸵鸟等走禽的腿部肌肉则较为发达。

**颅骨**
因为骨骼愈合，所以颅骨很轻，没有牙齿、骨质颌或嚼肌。

**喙部上颚**
有些鸟种的上颚很灵活。

**喙部下颚**
下颚灵活，可使鸟儿张大嘴巴。

**叉骨**
又被称为“许愿骨”，鸟类特有，由锁骨愈合而成。

**翅膀**
毫无疑问，翅膀是鸟类适应自然的最显著特征。肌腱强健有力，通过翅膀进行活动并与上肢骨融为一体，其上覆有羽毛。

**胸骨**
善飞鸟类的胸骨
发达的龙骨突，
肌附着在它上面

## 扇动翅膀

飞行需要巨大的能量和力量，因此，鸟类用来带动翅膀扇动的肌肉变得非常发达，重量占善飞鸟类体重的15%。鸟类有一大一小两对胸肌，分别控制翅膀升高和下落。两对胸肌同时作用并相互配合：当一对肌肉收缩时，另一对肌肉就会舒张，它们在胸腔中的位置大体上跟鸟的重心相一致。翅膀运动也需要具备强健的肌腱。

**蜂鸟**
为了适应在空中保持原位不动的盘旋飞行状态，蜂鸟胸肌的重量可占其体重的40%。

**向下扇动翅膀**

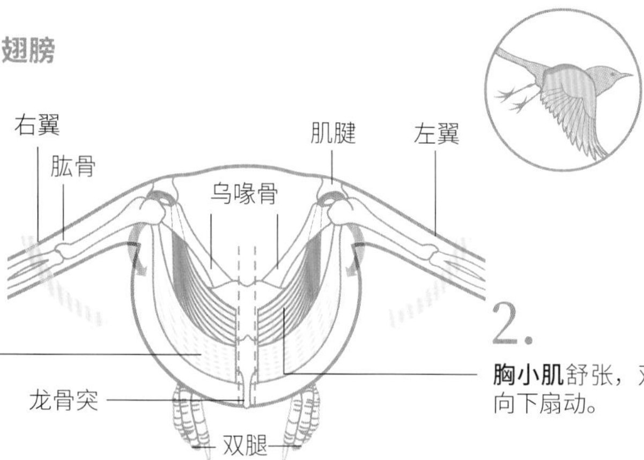


**向上扇动翅膀**

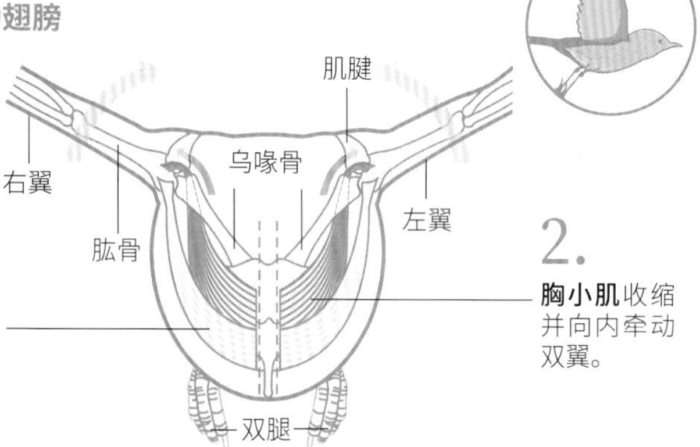

**肉的颜色**
取决于肌肉中的血液循环：血液循环量越大，肉的颜色越红。善飞鸟类的肉为红色，而像鸡等非善飞鸟类的肉为白色。

## 含气骨

很多鸟类的骨头都是含气骨，即骨骼内充满空气而不是骨髓。有些气囊甚至延伸进入骨骼中。含气骨看起来很脆弱，但是却具有令人难以置信的强度。骨强度来自内部的骨小梁网状组织（多孔的骨结构），类似于金属桥梁的桁架结构。

它们的爬行动
一样生有四趾。

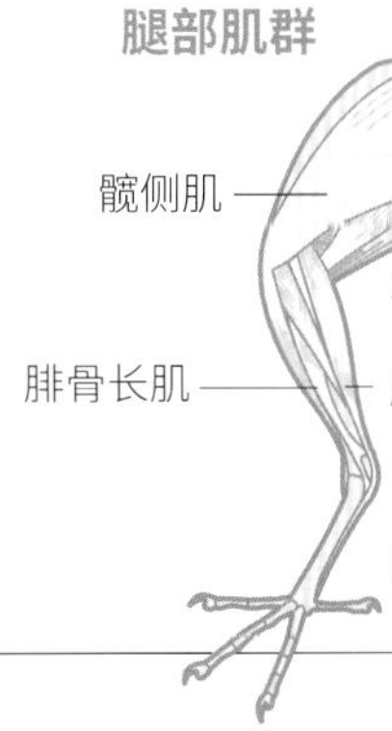


助衡姿势

**抓握机制**

当鸟栖息时，腿部弯曲呈蹲姿。这种姿势会使足部肌腱绷紧，拉动足趾收紧并把足部锁定在适当位置。这种肌腱锁定机制可保证鸟在睡觉时不会从树枝上跌落。

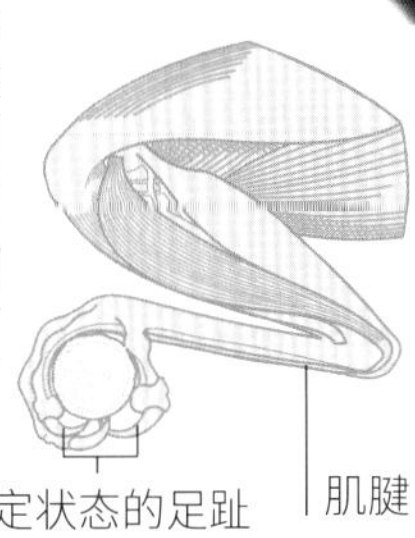

# 内部脏器

鸟在飞行过程中要消耗氧气，而其耗氧量之大，是一名训练有素的运动员都无法承受的，因此，鸟的所有器官都需要与这种情况相适应。与体型相似的哺乳动物相比，鸟类的肺略小，但效率却更高。鸟类的肺有数个气囊，既能提高呼吸系统的效率，又减轻了肺的重量。鸟类消化系统的独特之处在于食管后段的嗉囊，它的作用是暂时贮存食物，以便慢慢消化或喂食幼鸟。就身体比例而言，鸟类心脏的大小相当于人类心脏的 4 倍。

## 消化系统

鸟类没有牙齿，因此，食物未经咀嚼就被它们吞下，而后在胃中分解。鸟类的胃由两部分构成：分泌胃酸的腺胃（前胃）和能够通过肌肉胃壁把所吞食物磨碎的肌胃（砂囊）。一般来说，因为飞行能耗大，鸟类需要快速补充所需能量，所以它们的消化过程非常迅速。消化系统终止于泄殖腔，也就是排泄与泌尿系统共用的孔道。鸟类几乎能够吸收它所喝下的所有水分。

### 食物的旅程

**1 贮存**
有些鸟类有嗉囊，能够贮存食物以便慢慢消化。这样，鸟儿就能够降低因觅食而暴露在肉食性动物面前的可能性。

**2 分泌**
前胃分泌胃液促进消化。

**3 分解**
砂囊是一个肌肉发达的囊袋，它能够借助被吞食的石子或沙子磨碎食物。石子和沙子在这里起到牙齿的作用。

**4 吸水**
通过小肠吸收水分。鸟类通常从它们吞咽的食物中获取水分。

**5 排泄**
来自排泄系统的排泄物与尿液混合通过泄殖腔排出体外。

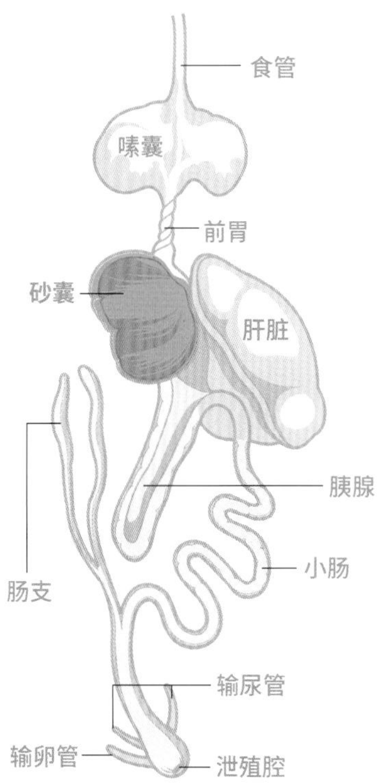


### 砂囊的种类

食谷鸟类的砂囊具有厚实的肌肉壁和发达的黏膜（内壁），可以研磨植物种子。

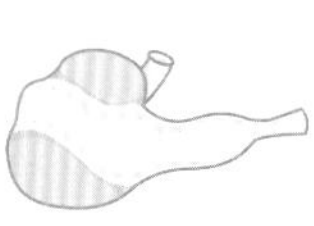

食肉鸟类的砂囊肌肉壁很薄，这是因为前胃负责食物的消化。

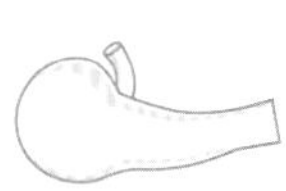

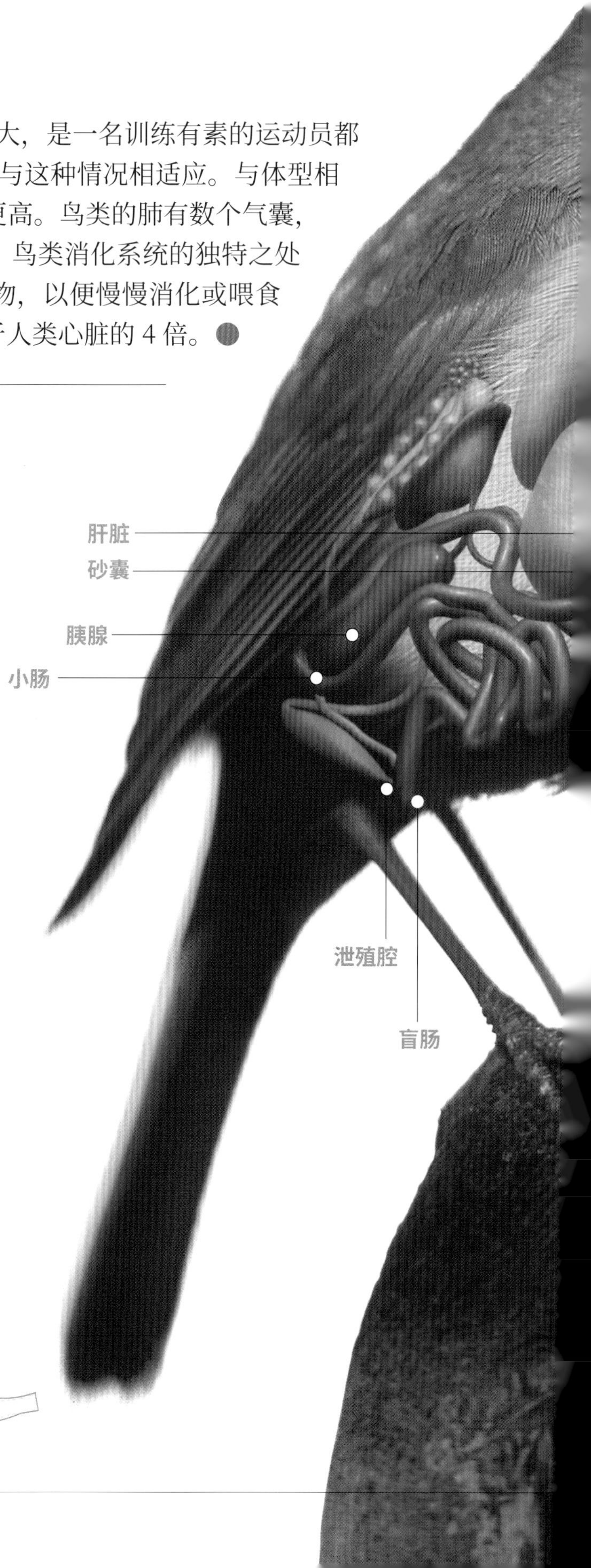

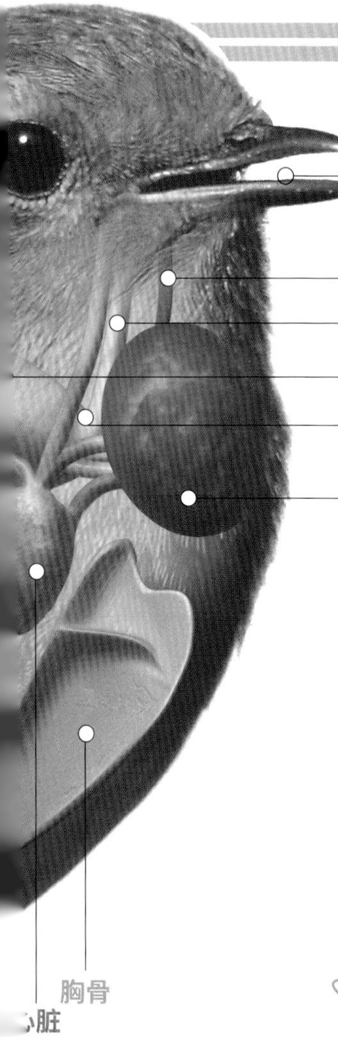


## 呼吸系统

鸟类由于飞行需要，具有脊椎动物中最高效的呼吸系统。呼吸系统包括两个小而硬的肺脏和九个广布于全身的气囊。这些气囊起着风箱一样的作用，但是却不进行气体交换。氧气通过侧支气管进入血流，而侧支气管的功能与人类的肺泡类似，在此作为进行气体交换的组织器官。在侧支气管内，血液和空气在微小通道内相向流动。由于空气经由肺部呈单向流动，而肺毛细血管中的血液流向正好与它相反，因此鸟类能够利用它们所吸入的全部空气，就像鱼类善于利用鱼鳃一样。相比之下，哺乳动物却不能实现这样的呼吸。

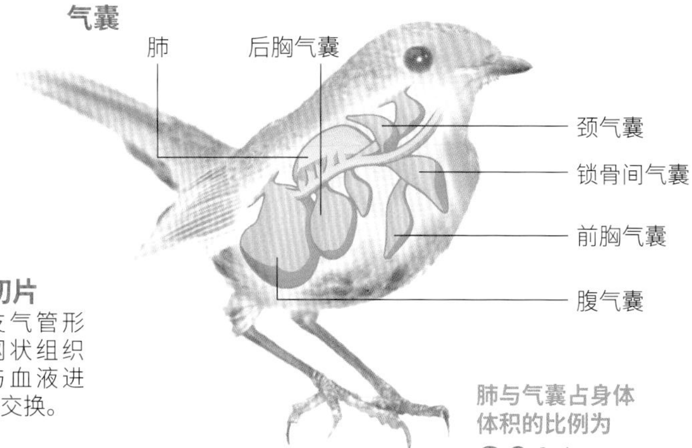

**肺部切片**
由侧支气管形成的网状组织方便与血液进行气体交换。

**肺与气囊占身体体积的比例为**
**20%。**

心脏的跳动频率为
**260次/分钟。**

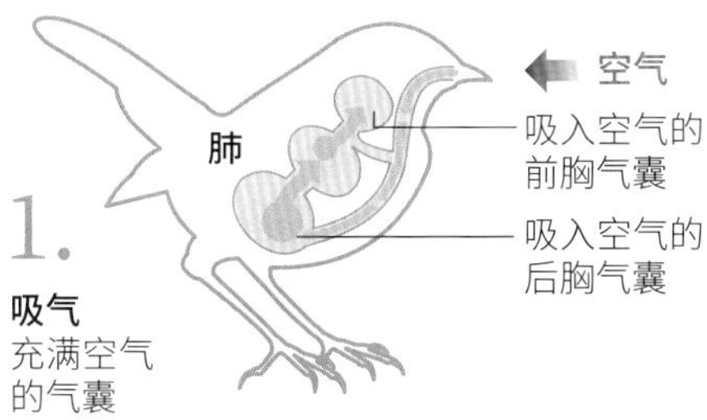


1.
**吸气**
充满空气的气囊

2.
**呼气**
充满空气的肺

**棕煌蜂鸟**
(*Selasphorus rufus*)

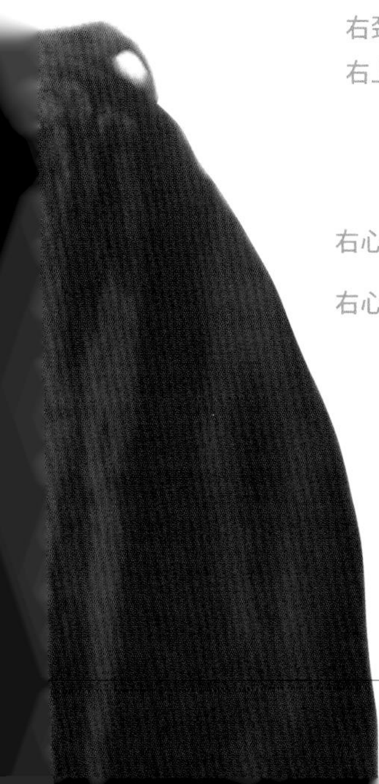

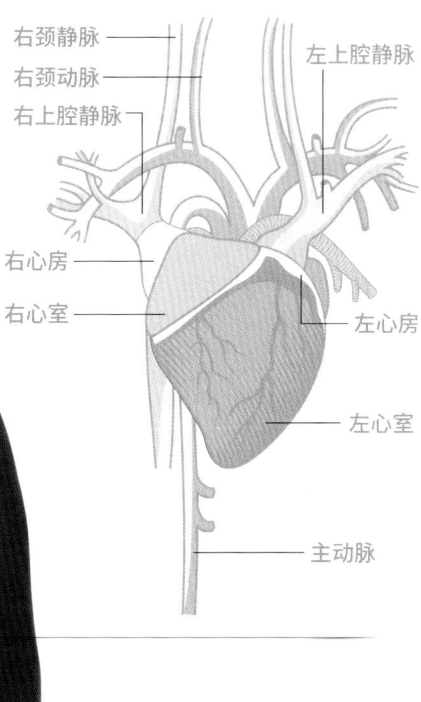


## 高度复杂的心脏

鸟类的心脏虽与爬行动物的心脏类似，但是却有 4 个腔室而不是 3 个。循环系统根据身体需要向全身输送营养。鸟类心脏的体积和心率各不相同，取决于鸟的体重和运动方式。总体而言，较大的鸟类具有较小的心脏，心率也较慢。举例来说，海鸥在地面行走时的心率为 130 次 / 分钟，在空中飞行时则为 625 次 / 分钟。而蜂鸟在飞行时的心率能达到 1 260 次 / 分钟。

**心脏的不对称性**

左侧心脏更为发达，因为它负责整个身体的血液供应。而右侧心脏只为肺部供应血液。

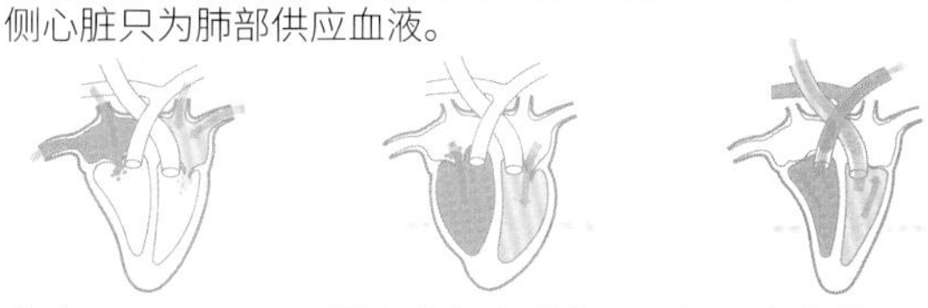

1 **血液**
经由左右心房流入。

2 **心室舒张受血**
房室瓣朝向心室开放。

3 **心室收缩**
血液进入血流。

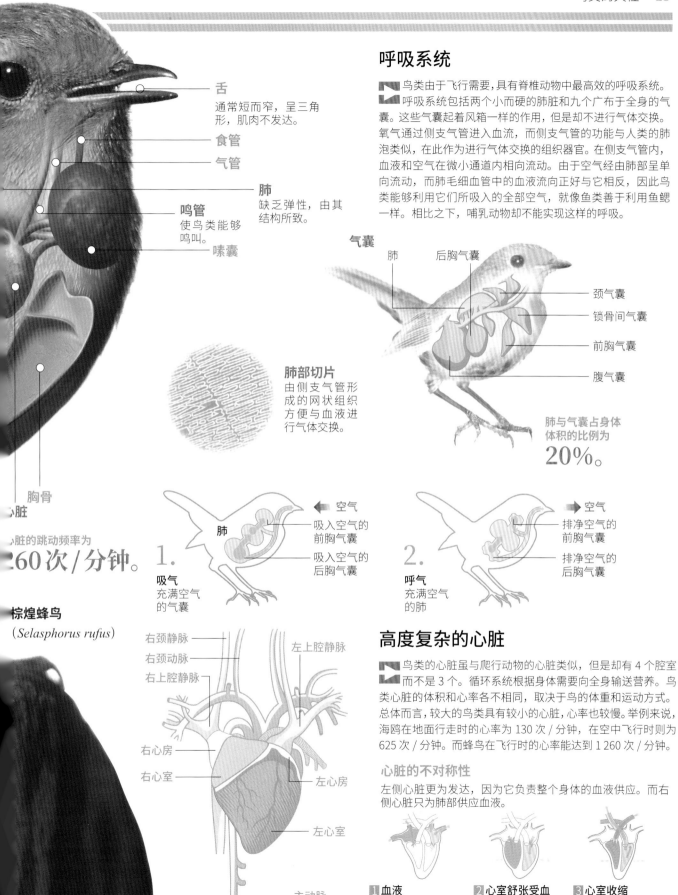

# 感 官

除了遍布全身的触觉器官外，鸟类的感觉器官主要集中在头部。就身体比例而言，鸟类的眼睛可以说是最大的，因此，鸟类能够清晰地看到远处的物体。鸟类的视野非常开阔，视角超过 300°，但一般说来，它们的双视视力很弱。鸟类的耳朵仅为一个小孔，但那些夜行猎食者的听觉却十分灵敏，孔状的耳朵能够帮助它们捕捉到人类无法听到的声音，便于它们在飞行中发现猎物。另一方面，触觉和嗅觉仅对某些鸟类具有重要意义，而它们的味觉功能则普遍相当贫乏。

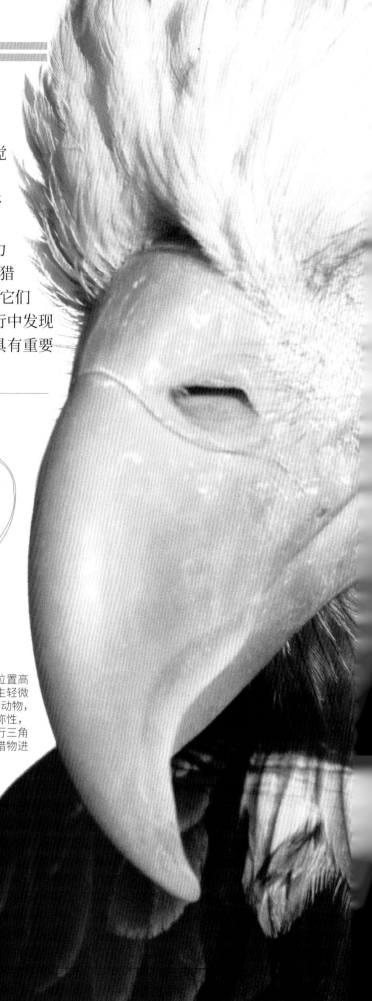

## 听觉

与哺乳动物相比，鸟类的耳朵结构很简单：没有外耳，有时耳朵还隐藏在硬硬的羽毛之下。值得一提的耳部结构是耳柱骨——鸟类与爬行动物都有一块这样的骨头。鸟类具有发达敏锐的听觉系统，人类只能够听到单一音调，而鸟类能够察觉到多种音调。耳朵对于鸟类保持平衡是必不可少的，它是飞行的一个关键因素。有人认为某些鸟类的耳朵还起着气压计的作用，能够提示飞行高度。

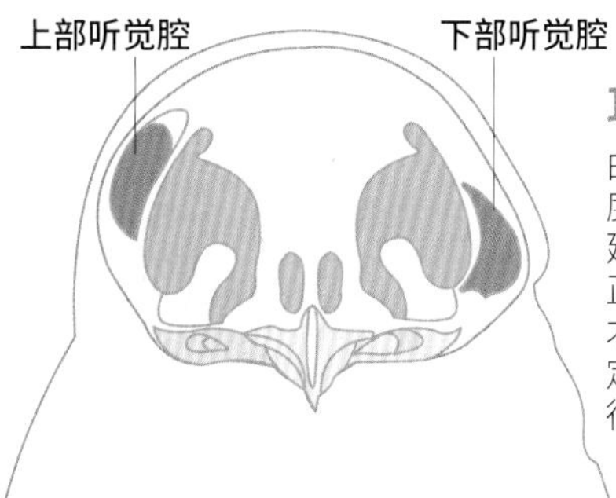


### 耳朵的位置

由于两侧耳朵在头部的位置高度不同，因此听觉会发生轻微延迟。猫头鹰等夜间猎食动物，正是其耳朵位置的不对称性，才使它们能够对声音进行三角定位，并准确无误地对猎物进行追踪。

## 触觉、味觉和嗅觉

很多鸟类的喙和舌都具有灵敏的触觉神经，尤其是那些通过喙和舌觅食的鸟类，例如涉禽和啄木鸟。一般而言，鸟类的舌窄而少味蕾，但是却足以分辨咸味、甜味、苦味和酸味。大部分鸟类的嗅觉不发达，鼻腔虽大，嗅觉上皮细胞却很少。然而，也有些鸟类的嗅觉上皮细胞很丰富，如鹬鸵和食腐鸟类（例如神鹫）。

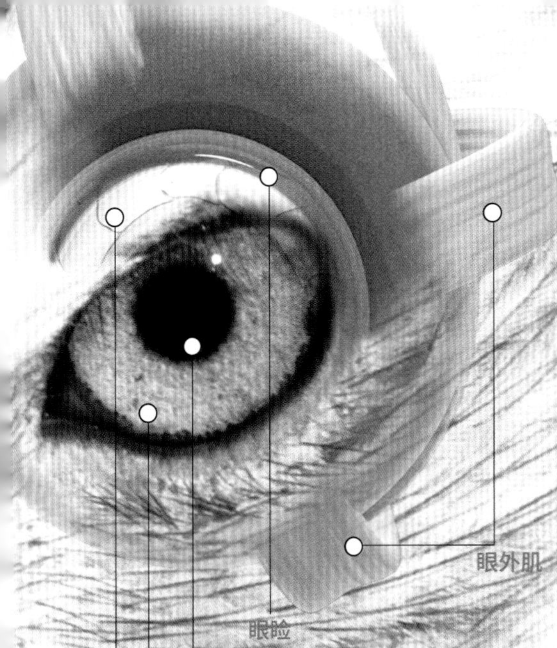


## 视觉

视觉是鸟类最发达的感官，无论是飞行还是从远处识别食物，都要依靠视觉。鸟类的眼睛相对较大。多数情况下，受巩膜环支撑的晶状体和角膜突出于眼窝之上，因此眼睛的宽度要大于深度。也有些猛禽的眼睛几乎是管状的。眼部周围的肌肉变形改变晶状体并产生极佳的视觉灵敏度：与人类相比，鸟类眼睛的放大率通常为 20 倍（有时，潜水鸟类眼睛的放大率能达到 60 倍）。它们的感光灵敏度也非常高，有些鸟类能够识别人眼不可见的光谱。

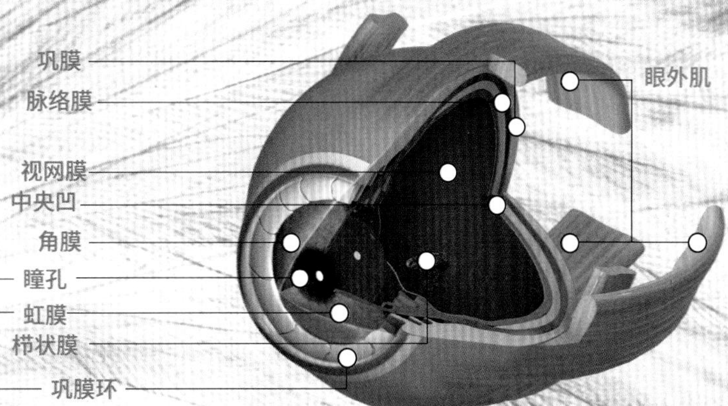


### 视野

由于大部分鸟类眼睛都生在头的两侧，因此它们产生了超过300°的广阔视野。每只眼睛覆盖不同的视区，只有当它们通过狭窄的双目视区向前看时，才会把视线集中到同一个物体上。

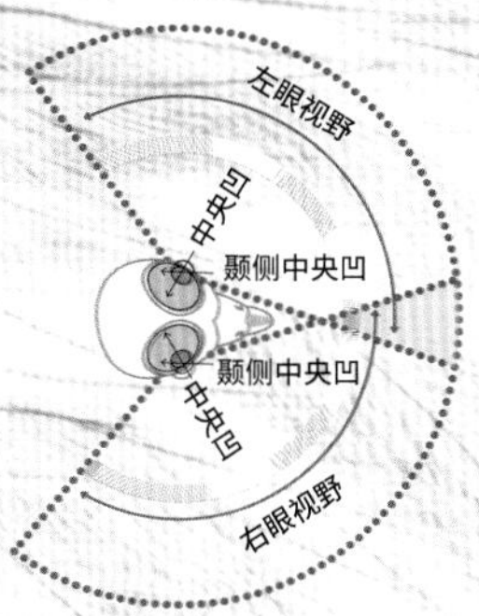


### 人类的视野

人类的眼睛长在头的前部，双眼一起活动，覆盖相同的视区。因为人眼无法单独活动，所以人类仅有双目视野。

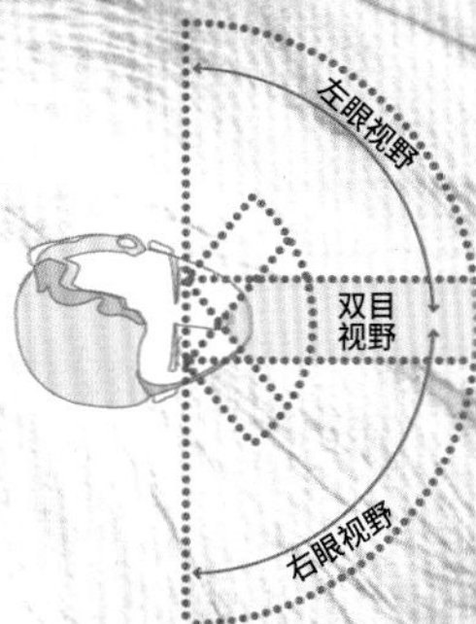


### 双目视野的比较

双目视野对于准确无误地测量距离是必不可少的。大脑把双眼生成的图像作为单一图像进行单独处理。两幅图像间的细微不同让大脑生成第三幅深度图像或三维图像。对于猎鸟来说，精确的距离判断关系到生死，因此它的双眼趋向于朝前生长，以具有广阔的双目视野。相比之下，长有侧眼的鸟类通过移动头部来计算距离，但是它们拥有更广阔的整体视野，能避免自己成为猎物。猫头鹰是拥有最广阔双目视野的鸟类，它的双目视野达到 70°。

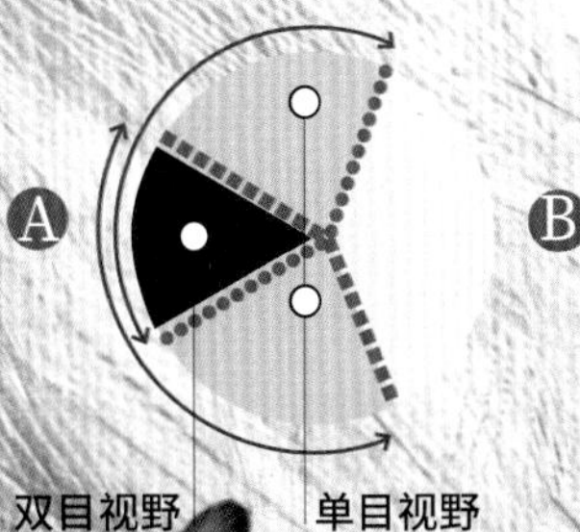


### 猎鸟的视野

前眼虽然缩小了整体视野，但是却具有广阔的双目视野。

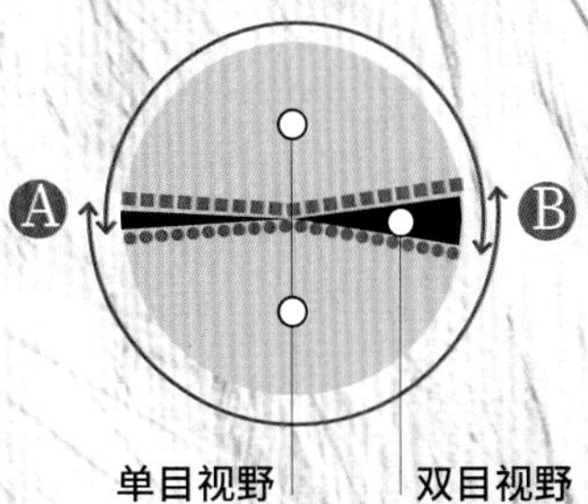


### 非猎鸟的视野

侧眼拓宽视野几乎达360°，但双目视野缩小了。

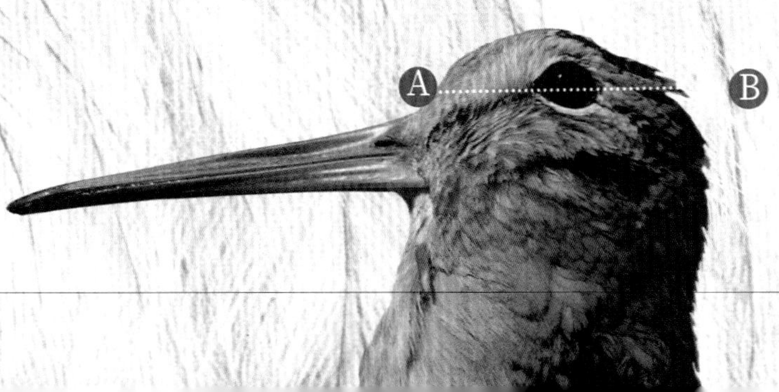

# 形态各异的喙

鸟类的喙是一种突出的角质结构，其成分与趾甲的成分相同，并且受磨损后会不断生长。对于成鸟而言，喙的大小不会再发生变化。喙与颅骨的结合方式便于下颚骨活动，从而使口腔能完全张开。大部分鸟类都用喙进食。喙的类型多种多样，在大小、形状、颜色和硬度方面各不相同，而这完全取决于鸟类的进食方式。

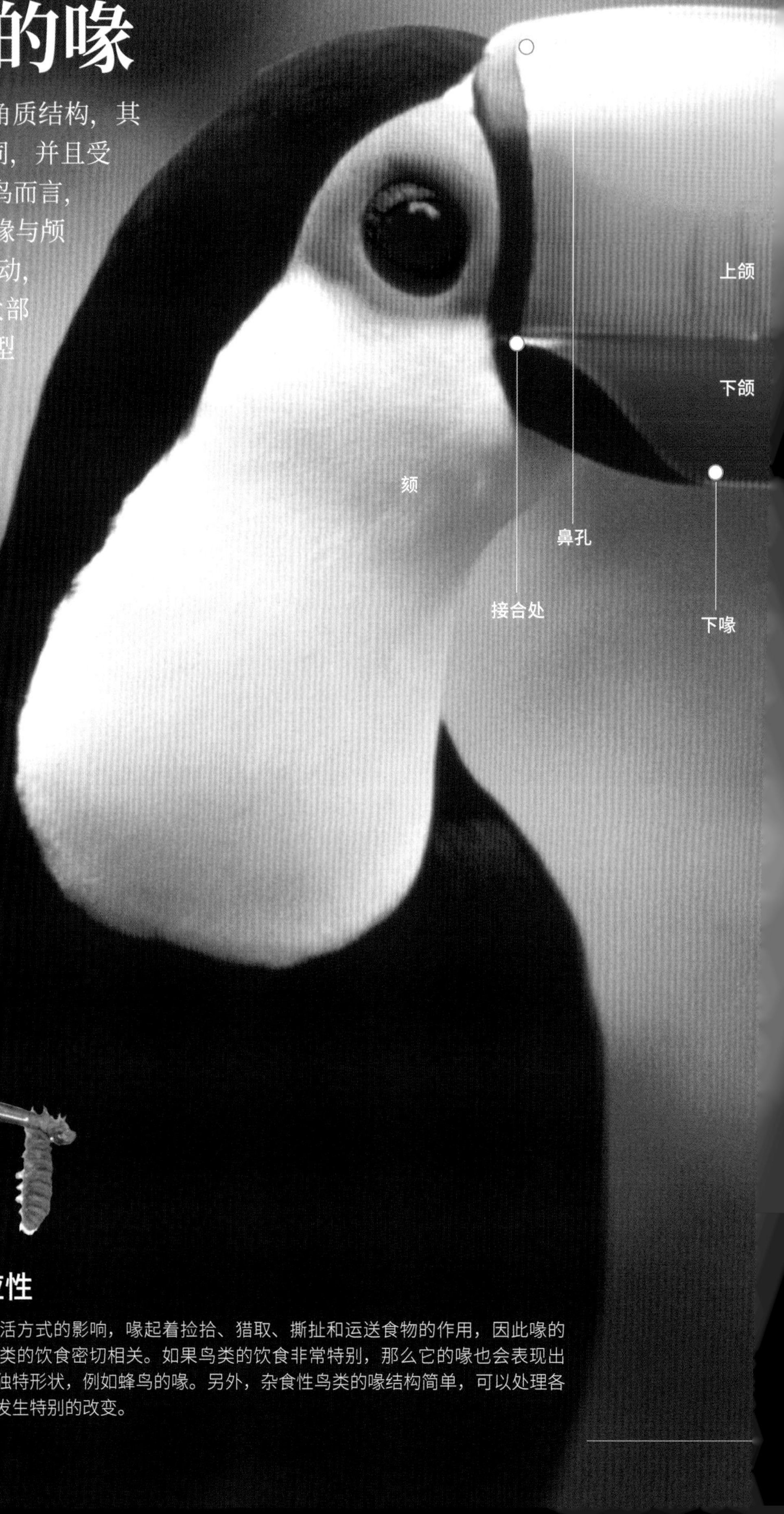

## 喙的适应性

受鸟类生活方式的影响，喙起着捡拾、猎取、撕扯和运送食物的作用，因此喙的外观与鸟类的饮食密切相关。如果鸟类的饮食非常特别，那么它的喙也会表现出与其相适应的独特形状，例如蜂鸟的喙。另外，杂食性鸟类的喙结构简单，可以处理各项任务，没有发生特别的改变。

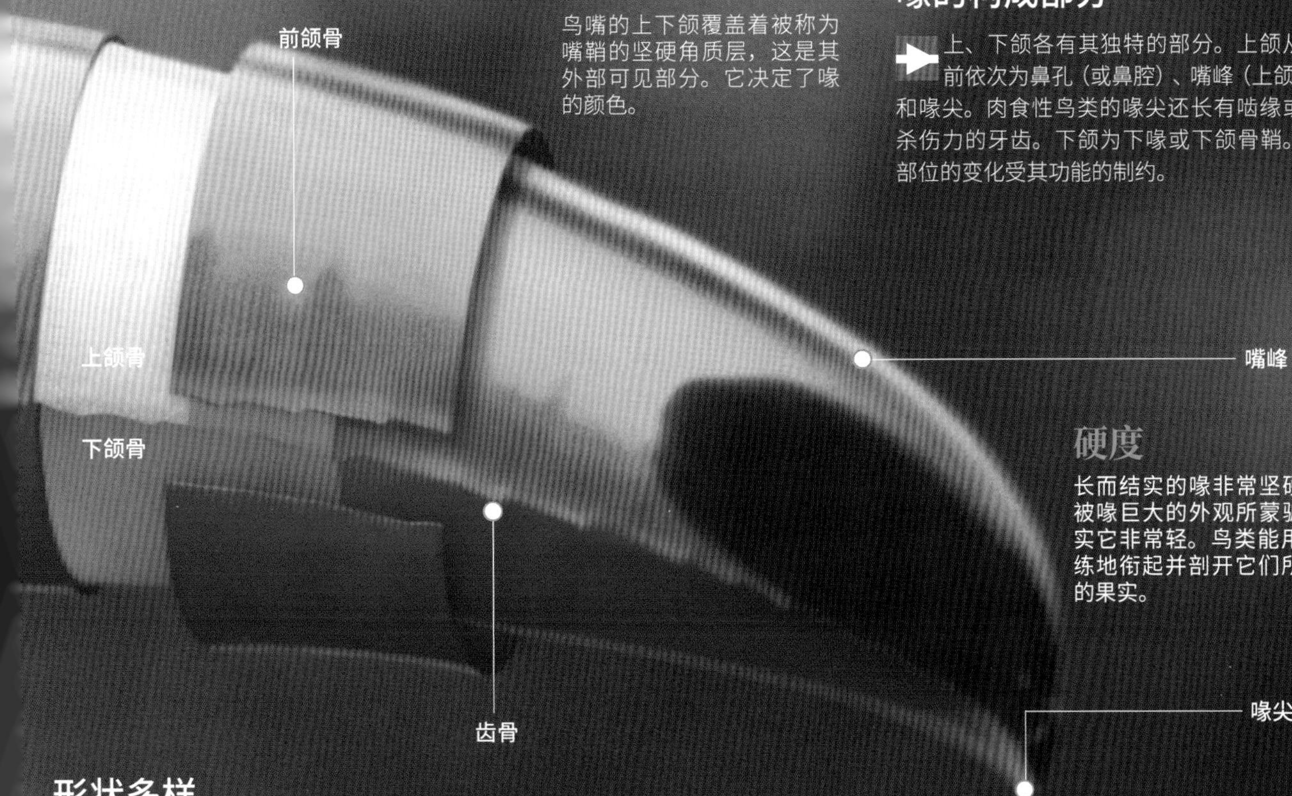


### 构成和结构

鸟嘴的上下颌覆盖着被称为嘴鞘的坚硬角质层，这是其外部可见部分。它决定了喙的颜色。

## 喙的构成部分

上、下颌各有其独特的部分。上颌从后到前依次为鼻孔（或鼻腔）、嘴峰（上颌骨鞘）和喙尖。肉食性鸟类的喙尖还长有啮缘或具有杀伤力的牙齿。下颌为下喙或下颌骨鞘。喙各部位的变化受其功能的制约。

### 硬度

长而结实的喙非常坚硬。别被喙巨大的外观所蒙骗，其实它非常轻。鸟类能用喙熟练地衔起并剖开它们所食用的果实。

## 形状多样

喙有各种各样的形状，通常喙的分类依据为: 喙相对于头的长度(短或长)；喙相对于中心线的曲度（向上或向下）；喙的宽度；喙的整体形状（圆锥形、尖形或铲形）；是否具有附属部分，如喙沟、角质喙板或锯齿状啮缘缺刻等。

### 巨嘴鸟和簇舌巨嘴鸟

通过又长又厚的喙，它们可以够到那些生长在无法承受鸟儿体重的细枝上的果实。它们也用喙撕碎果实的果皮和种子。

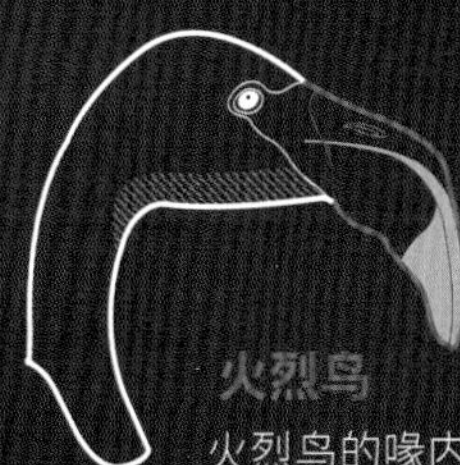

### 火烈鸟

火烈鸟的喙内生有细线状组织，功能与鲸须类似。它们用此组织过滤水中的微小生物来食用。

### 苍鹭

苍鹭在浅水中捕鱼。它们的喙不但长，而且既结实又尖锐，能够快速穿过水面，轻松地叉鱼。

### 金翅雀

与食谷鸟类大体相同，金翅雀长有坚硬的、呈圆锥状的喙，能够把种子从植物中剥离出来或啄碎种子。

### 隼

隼喙尖的啮缘缺刻能把肉从骨头上剥离，并折断猎物的脊骨。

### 渡鸦

由于其饮食不受食物种类的限制，它们的喙部结构简单，相对较长。

### 蜂鸟

想要深入花蕊吸食花蜜，不仅需要又长又细的喙，还需要特殊的舌头。

### 交嘴雀

交嘴雀只以松子为食。它们把喙插入松果的鳞片，然后撬开松果并嘬出松子。

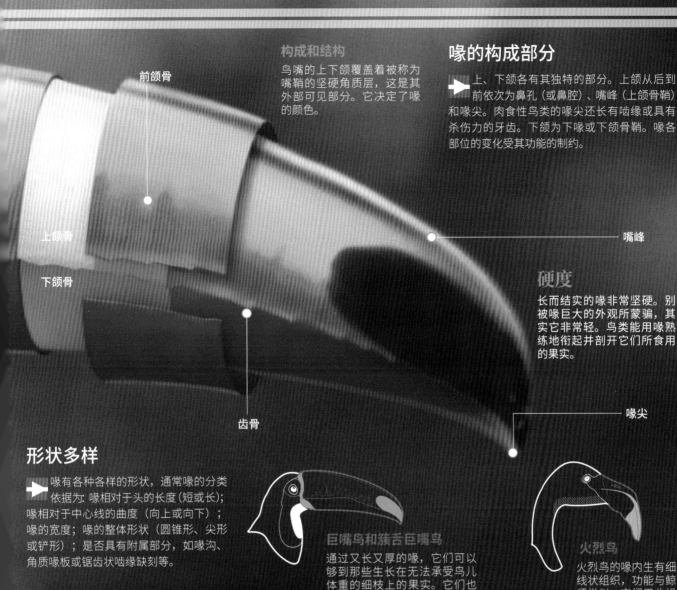

# 裸露的腿

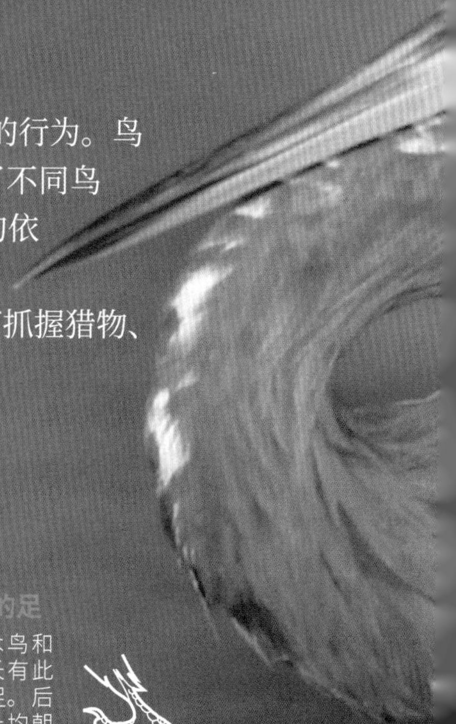

观察鸟类的四肢，包括它们的趾和爪，能够帮助我们了解它们的行为。鸟类腿部和足部的皮肤具有一些显著的特点，这些特点揭示了不同鸟类类群的生存环境和饮食习惯，科学家们把它们作为给鸟类分类的依据。针对鸟类的腿和足进行的解剖学研究能够为我们提供有用的信息。鸟类的骨骼、肌肉和肌腱的形状和位置，为我们了解它们如何抓握猎物、在树枝上栖息以及在地面或水中的运动力学原理提供了可能。

## 不同类型

鸟类的足部通常长有4个趾，其中3个趾在大小和位置上相似，还有1个较小的、与其他3趾相对生长的后趾。不同鸟类类群的足趾类型各异。举例来说，足趾的位置和形状就可能不同。有些鸟类仅有2个足趾具有实际功能，而其他足趾则变得很短，像美洲鸵鸟等非飞行鸟类就是如此。鸟类足部皮肤也存在差异，有些鸟类从足趾到角质突起部分之间的皮肤形成蹼。所有这些特征都能够帮助鸟类在所处环境中生存，并应对获取食物方面的挑战。

### 适合抓握的足

猛禽和夜间猎食性鸟类多长有这种类型的足。它们的足部非常强壮，且趾端生有长而卷曲的利爪，能够在空中抓牢和搬运猎物。

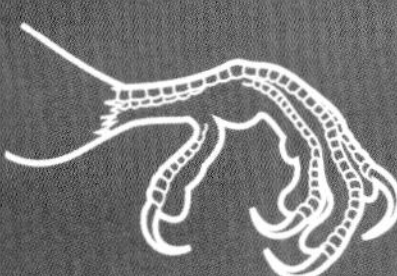

### 适合攀爬的足

鹦鹉、啄木鸟和布谷鸟多长有此种类型的足。后趾和第四趾均朝后，此足型在鸟爬树时更具力量。

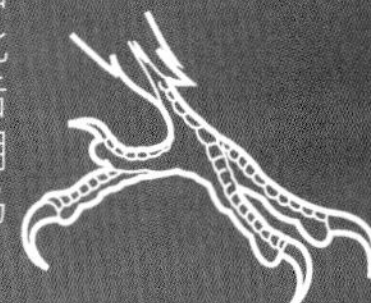

### 适合行走的足

苍鹭、火烈鸟和鹳多长有这种类型的足。足趾和腿非常长，后趾朝后。它们生活在沼泽和河岸等那些有软土地面的地方。

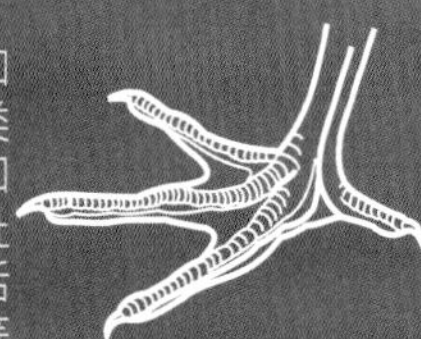

### 适合树栖的足

蜂鸟、翠鸟、灶莺和夜鹰多长有这种类型的足。它们的足部很小，第二趾、第三趾和第四趾连在一起。这种足型使鸟能够静止站立。

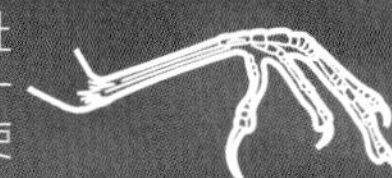

### 适合游泳的足

海雀、野鸭和企鹅长有这种类型的足。它们的趾间有一层薄膜，形成蹼，能够增大足与水的接触面积。

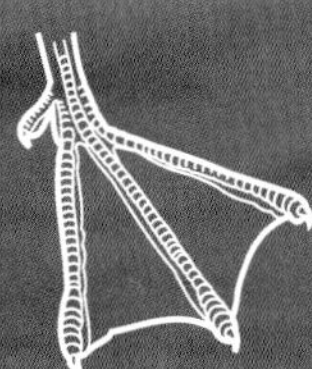

### 适合奔跑的足

鸨、鹤鸵和美洲鸵鸟长有这种类型的足。它们腿长足短，后趾和第四趾非常小。这种足型在奔跑时能够减少足与地面的接触。

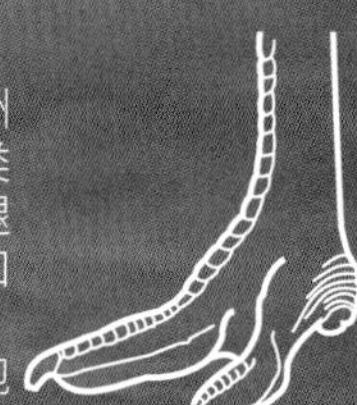

### 对树的适应性变化

梅花雀无须耗费太多精力就能够在树枝上栖息和休息，因为它们的身体重量就可以使足趾紧紧地握住树枝。

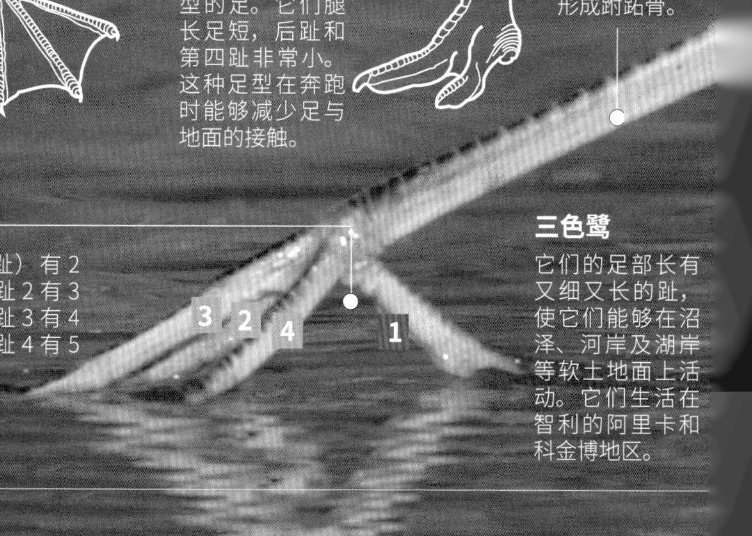


**足部 1**

足趾 1（后趾）有 2 块趾骨，足趾 2 有 3 块趾骨，足趾 3 有 4 块趾骨，足趾 4 有 5 块趾骨。

**足部 2**

末端跗骨与跖骨愈合在一起，形成跗跖骨。

**三色鹭**

它们的足部长有又细又长的趾，使它们能够在沼泽、河岸及湖岸等软土地面上活动。它们生活在智利的阿里卡和科金博地区。

## 爪、鳞片和距

独特的足部结构在鸟类觅食、活动、保护和防御等活动中发挥着重要作用。猛禽的爪子往往长而锐利，而步禽的爪子短小且圆。猫头鹰长有梳状爪，用来梳理羽毛。承袭于爬行动物的鳞片能够帮助鸟类保护足部。在某些情况下，鳞片还能协助鸟类在水中活动。鸡、野鸡和冠叫鸭（一种南美水鸟）等很多鸟类长有距，被用作防御性或进攻性武器。

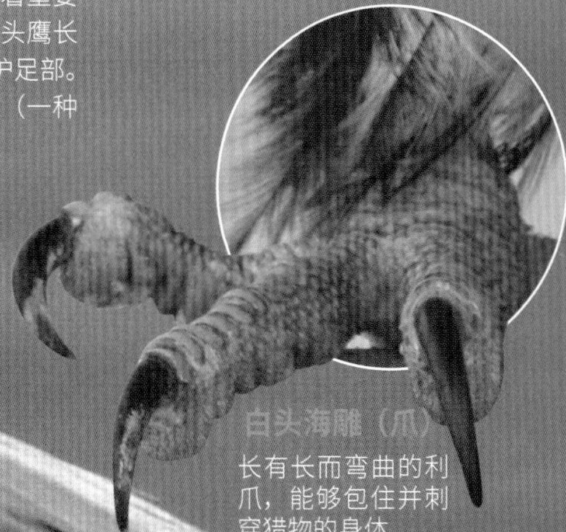

**白头海雕（爪）**

长有长而弯曲的利爪，能够包住并刺穿猎物的身体。

**膝部和大腿**

大腿是身体的一部分，长有一块缩短的股骨。膝部靠近重心。

骨

骨与跗骨愈合
一起，形成了
跗骨。胫跗骨
后长有一块细
的腓骨。

**凤头䴙䴘（叶状趾）**

有些游禽的足趾长有连续的宽边，看起来像桨。

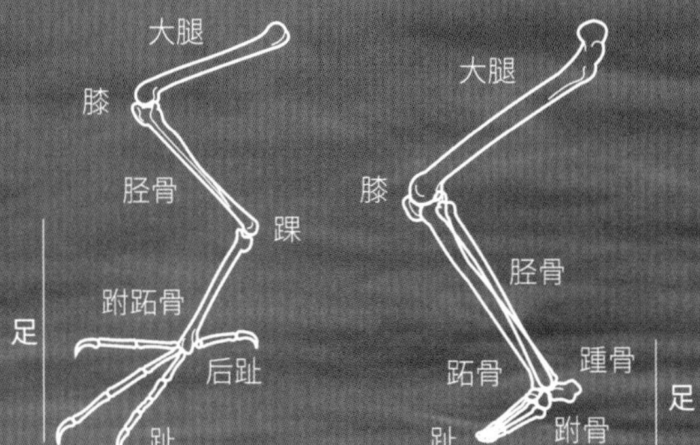

**苏格兰矮脚鸡（距）**

距生长于跗跖骨之上。当争夺领地或配偶时，雄性会用距保护自己。

叫作假膝，因为
看起来像膝盖一
能够向后弯曲。
而，它实际上是
踝。

## 内部 / 外部结构

鸟类利用足趾行走，足趾是足部的起始端。足部的第二部分是跗跖骨，它的顶端通过一个类似于人类膝盖的关节与胫骨相连接，这就是鸟类的腿能够向后弯曲的原因。膝相当于人类的膝盖，但是位置更高，起着臀部的作用。膝盖的位置靠近身体，能够协助身体保持平衡。大腿骨通过增加骨骼重量也起到稳定身体的作用。这些骨头的所有活动都受肌腱和肌肉控制。

# 飞行的艺术

鸟类在空中飞行的原理与滑翔机的工作原理相同，即充分利用气流获得飞行高度和速度。鸟类翅膀的形状因类群的飞行需求而异。有些类群需要飞行相当长的距离，因此它们的翅膀长而窄；而有些类群仅需在树枝间进行短距离飞行，所

鹦鹉的羽毛
多姿多彩的空中特技演员华丽外衣的细部。

以它们的翅膀短而圆。鸟类还长有亮丽多彩的羽毛，雄鸟常常借此吸引雌鸟或躲避天敌。鸟类通常每年换羽一次，对它们而言，这一过程与进食同样重要。●

# 适应性

有三种主要理论可以解释鸟类为何会有飞行能力。这三种理论的论据各自讲述了一段关于鸟类适应空中世界的故事，而在天空中，最关键的就是夺食之战和生存之道。其中一种理论认为，鸟类是那些已灭绝的以植物为食、且习惯于在树枝间跳跃逃生的两足爬行动物家族的后代。

现在
鸟类用翅膀飞行，用上肢支撑身体，通过双肩带动翅膀扇动。

## 从爬行类动物到鸟类

众所周知，爬行动物和鸟类的几个演化谱系未能在进化过程中生存下来，人类至今也尚未找到能够真正联系这两种动物类群的谱系。然而，一些理论认为从爬行类到鸟类的变化经历了一个漫长的适应过程。目前存在两种主流学说和一种非主流说法：树栖起源说，假设了一种陆空飞行模式；地栖起源说或奔跑起源说，着重于奔跑稳定性的需求；还有一种非主流的说法将亲代养育与飞行起源联系在一起，假设恐龙开始飞行是为了确保恐龙蛋的安全。

### 1 树栖起源说

这个理论在过去很长一段时间被大多数人所接受，该理论认为飞行是某些食草性爬行动物对生存环境的适应。最初，恐龙类只是形成了一种空降能力以避免自己在树枝间跳跃时未能抓住树枝而从树上跌落。渐渐地，这种空降能力成为恐龙类在树木间移动的一种方式，最后发展成为用翅膀拍打的飞行能力，使它们能够飞跃更远的距离。

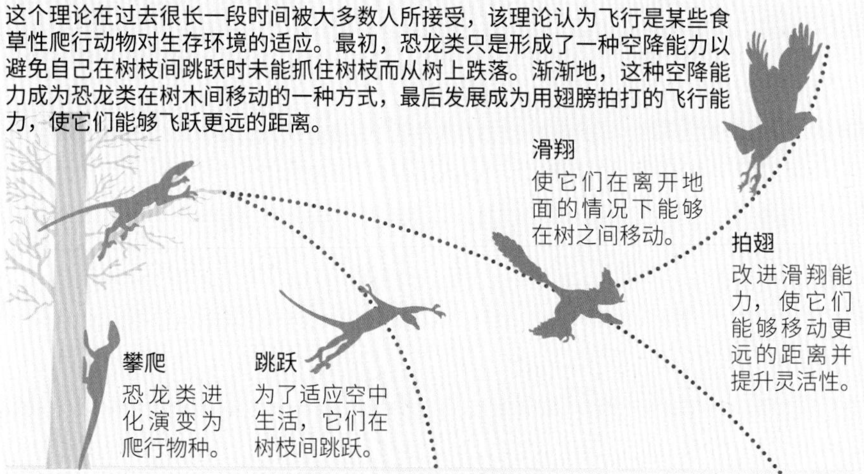

滑翔
使它们在离开地面的情况下能够在树之间移动。
拍翅
改进滑翔能力，使它们能够移动更远的距离并提升灵活性。
攀爬
恐龙类进化演变为爬行物种。
跳跃
为了适应空中生活，它们在树枝间跳跃。

### 2 地栖起源说或奔跑起源说

拥有保存完好的化石作为物证的奔跑起源说认为，鸟类是某种善于奔跑的两足恐龙的后代，它们在奔跑时张开的上肢逐渐进化为翅膀，方便在跳跃时稳定身体。从这一过程进化到飞行仅是时间问题而已。

跳跃
当它们高高跃起时，双翼负责稳定身体，让它们能够捕捉猎物。
奔跑
它们的双腿使它们能够快速奔跑。
拍翅
在形成跳跃和滑行能力后，这些爬行动物开始学习拍动翅膀以飞越更远的距离。

### 3 非主流的亲代养育变异起源说

这种起源说认为爬行类动物开始爬树的目的是防止幼崽成为猎物，而滑翔是为了解决它们脱离树木攀爬的需要。

**1.5 亿年前**

鸟类的骨骼开始延伸并变得结实，然后慢慢愈合。

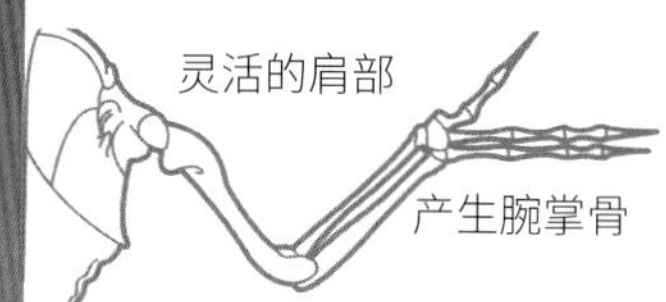


**1.75 亿年前**

肩部能够进行较大范围的运动，指骨愈合。

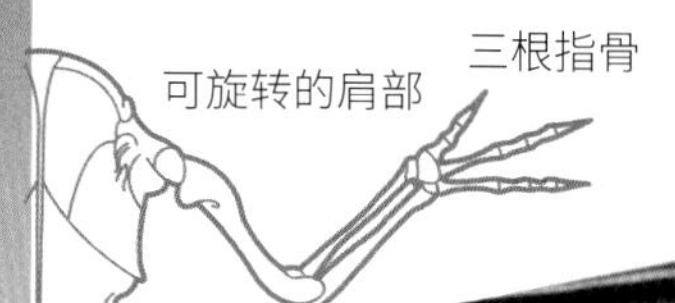


**2 亿年前**

恐龙的上肢长有螯爪，仅能进行有限的运动。

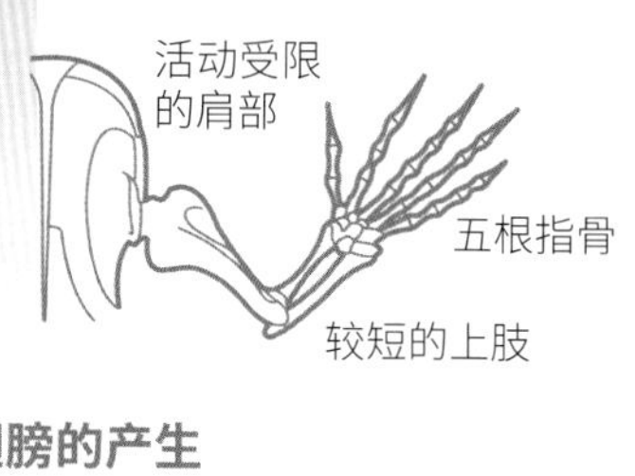


**翅膀的产生**

由长有爪的上肢进化为没有爪的翼，这是对飞行的适应性变化。科学家们至今尚不清楚发生这种变化的原因。不过，化石记录了它们的骨骼是如何愈合成现在的样子的。

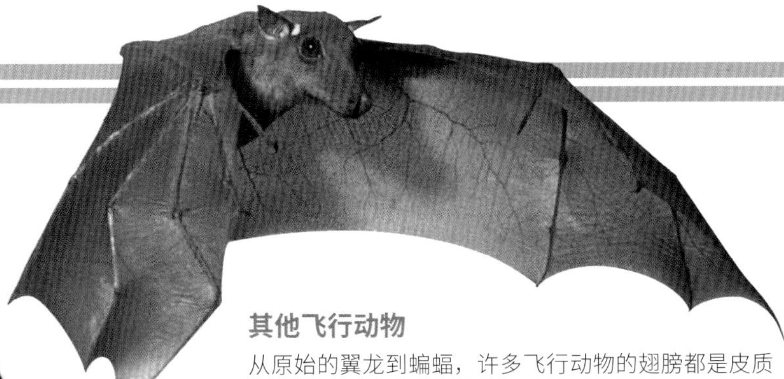

## 其他飞行动物

从原始的翼龙到蝙蝠，许多飞行动物的翅膀都是皮质的翼膜。一个小小的撕裂就会给它们造成大麻烦，因为伤口愈合需要时间，而且可能导致翅膀畸形。

## 滑翔物种

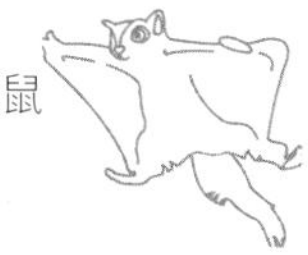

鼯鼠

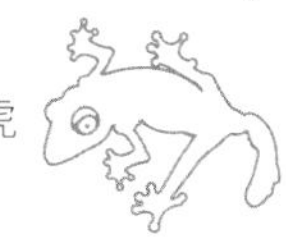

伞虎

## 最佳解决方案

羽毛成为一种独特的演化优势。羽毛的功能性、强度、相互独立的特性和可替换性，使它成为脊椎动物适应空中飞行的一个理想的解决方案。

**4 羽毛**

如今仅发现鸟类长有羽毛。羽毛是由鳞片分为三个较小部分进化演变来的。它们覆盖鸟类的体表，轻而耐磨且整体一致。

**雕飞行时能够承载的最大重量为**

# 12 千克。

雕本身的重量通常在 6 千克左右。一般情况下，它可以携载重量为 3 千克的猎物。然而，人们发现有些雕能够承载重量为 6 千克的猎物。承载额外的重量需要较宽大的翅膀，而宽大的翅膀会使活动变得困难并且效率降低。据说很多大型飞行动物就是由于这种局限才消失的。

## 从鳞片到羽毛

羽毛的产生使鸟类具备更多优势，因为它赋予鸟类飞行的能力。羽毛是从鳞片进化而来的，两者由相同的物质构成。羽毛能够保持体温恒定，且比鳞片轻。

**雕**

这个了不起的猎手，每次出动都会向我们展示它进化的整体飞行能力。

**3 改良的鳞片**
鳞片进化成几个较小的部分。

**大型鳞片 2**
仅有几个恐龙物种拥有大型鳞片。

**1 鳞片**
非常耐磨，覆盖恐龙类的体表。

# 羽 毛

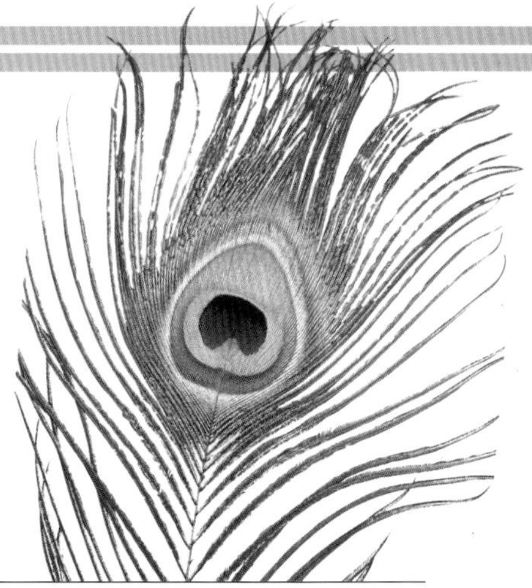

羽毛是使鸟类区别于其他动物的特征，它赋予鸟类醒目的色彩，帮助鸟类抵御严寒和酷热，让鸟类轻松地在空中和水中活动，还可以帮助鸟类躲避捕食者。另外，羽毛也是人类驯养、捕捉和猎捕鸟类的原因之一。覆盖在鸟类身上的羽毛叫作羽衣，羽衣的颜色直接影响着鸟类的繁衍生息。

## 羽毛的结构

羽毛由两部分构成：轴和羽片。这根轴叫作羽轴，牵动羽毛活动，与皮肤相连的部分称作羽根。羽片由羽支构成，而羽支则分叉为羽小支。在羽小支的尖端生有许多羽纤支或羽小钩，总称为羽片。羽片上相互钩连的羽小钩形成一张网，增加了羽毛的硬度和抗力，同时也赋予羽毛特有的空气动力学外形和防水性能。当羽毛磨损时，鸟类能够更换新羽。

1 着生于鸟类皮肤中的突起或羽乳头。

2 在羽乳头内，特殊的皮肤细胞形成毛囊。

3 在毛囊内，一根管子从底部伸出并长成羽毛。

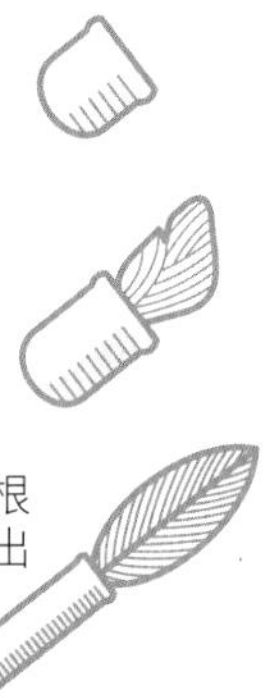

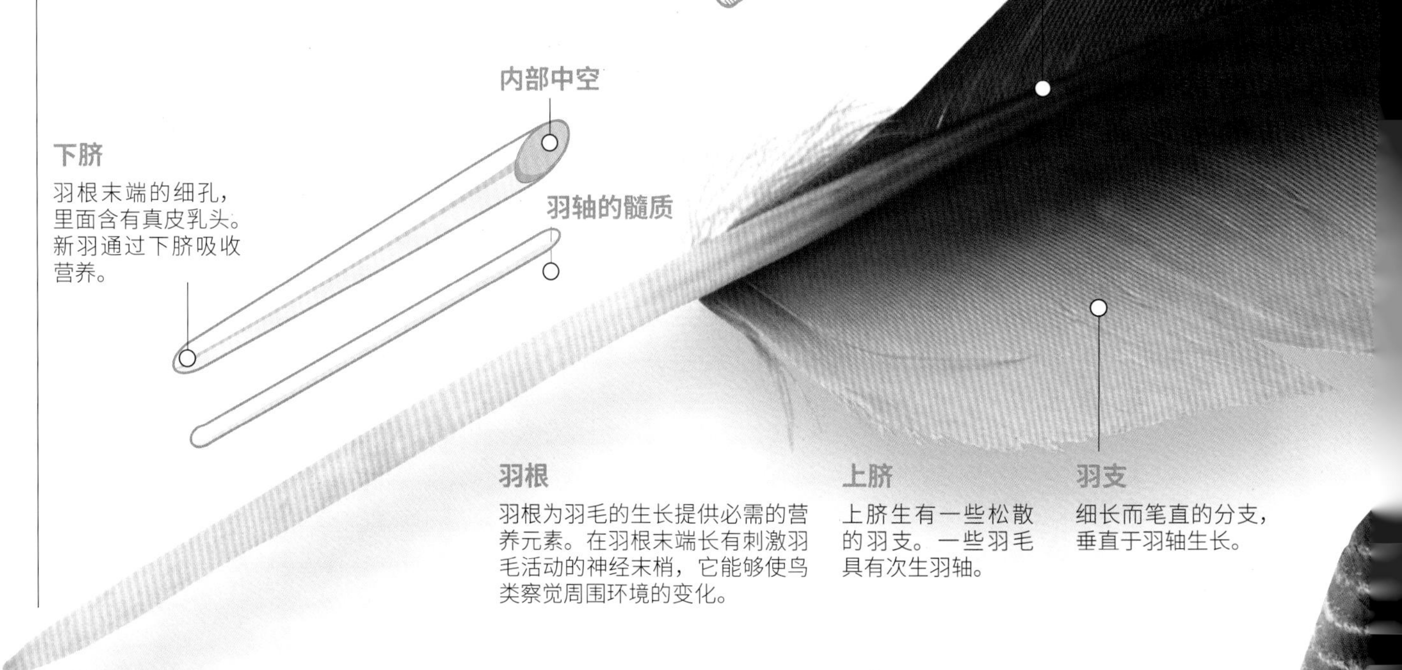

羽缘
羽缘呈现出极好的适于飞翔的空气动力学外形。
羽轴
羽毛的主轴，类似于一根空心杆。
内部中空
下脐
羽根末端的细孔，里面含有真皮乳头。新羽通过下脐吸收营养。
羽轴的髓质
羽根
羽根为羽毛的生长提供必需的营养元素。在羽根末端长有刺激羽毛活动的神经末梢，它能够使鸟类察觉周围环境的变化。
上脐
上脐生有一些松散的羽支。一些羽毛具有次生羽轴。
羽支
细长而笔直的分支，垂直于羽轴生长。

## 羽毛的种类

根据位置划分，鸟类羽毛主要有3种类型：最靠近身体的羽毛叫作绒羽；被覆在体表的羽毛称为正羽；生长在翅膀和尾部的羽毛称为飞羽，也常被人称作（翼部的）飞羽和（尾部的）尾羽。

**绒羽**

这些轻柔的羽毛能够帮助鸟类御寒。绒羽的羽轴非常短，或者根本没有羽轴。它的羽支很长，而羽小支很少有羽小钩。总的来说，绒羽是幼鸟破壳后体表覆盖的第一种羽毛。

**正羽**

比较服帖且边缘圆滑。与绒羽相比，正羽硬度更高。因为被覆在体表、翅膀和尾部等处，所以当鸟类飞行时，正羽赋予它们流线型的外形。

## 什么是角蛋白？

角蛋白是一种蛋白质，是鸟类最外层皮肤的组成成分之一，与其他脊椎动物种群的角蛋白一样。角蛋白是羽毛、毛发和鳞片的主要成分。角蛋白不同寻常的阻抗力能使羽小钩在羽片中保持相互钩连的状态，这能够让鸟类的羽毛保持它固有的形状，而不受飞行时空气压力的影响。

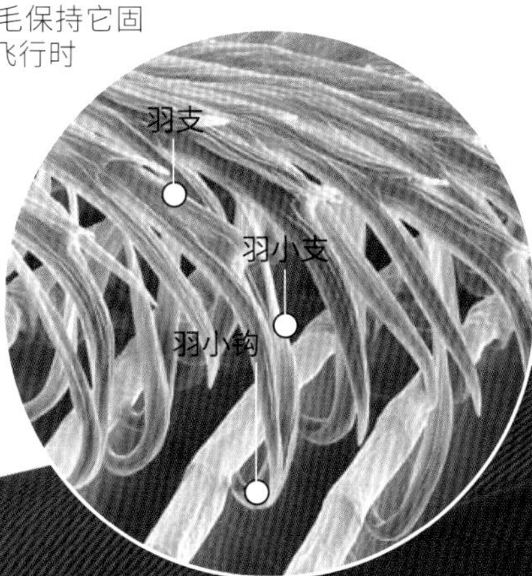


## 25 000 枚

这是天鹅等大型鸟类所拥有的羽毛数量。相比之下，百灵鸟等小型鸟类的羽毛数量为 2 000~4 000 枚。

### 后缘槽口

靠近翼尖的槽口能够减轻飞行时产生的涡流。

片

…外部长有很多…干支。

### 梳理羽衣

鸟类用喙梳理羽毛，不仅能保持羽毛清洁、消除寄生虫，还能保持羽毛的润滑，以抵御恶劣的天气。鸟类先用喙碰触尾羽腺，然后把从尾羽腺分泌出来的油和蜡涂到羽衣上。这项工作关系到它们的生存。

### 沙浴

像雉、山鹑、非洲鸵鸟、鸽子和麻雀等鸟类会进行沙浴，以控制羽毛上的油脂量。

### 用蚂蚁清洁羽毛

有些鸟类，例如某种唐纳雀，先用喙捕捉蚂蚁并碾碎它们，再用碾碎的蚂蚁为羽毛上油。据说碾碎的蚂蚁产生的酸性液体具有驱虫剂的作用，能够驱避虱子及其他体外寄生虫。

### 羽区和无羽区

乍看之下，鸟周身都被覆羽毛，但是羽毛并没有长满全身，只是生长在那些被称为羽区的特定区域。这些区域就是能够长成新羽的羽乳头所在之处。种类不同的鸟，羽区的形状和位置也不同。羽区周围环绕着不生羽毛的裸区，裸区又被称为无羽区。企鹅是世界上唯一一种全身长满羽毛的鸟类，这种特性使它们能在寒冷地带生活。

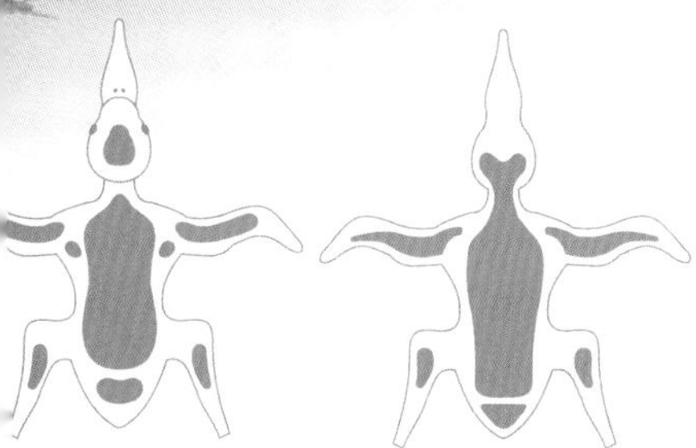

### 白腹鹭

粉绒羽使白腹鹭的羽衣具有防水性。

## 特殊羽毛

触须是由一根纤丝形成的特殊羽毛。有时在触须末端长有松散的羽支，起触觉作用。触须生长在喙或鼻孔基部，或是眼睛周围。这种羽毛非常细，通常掺杂在正羽中生长。

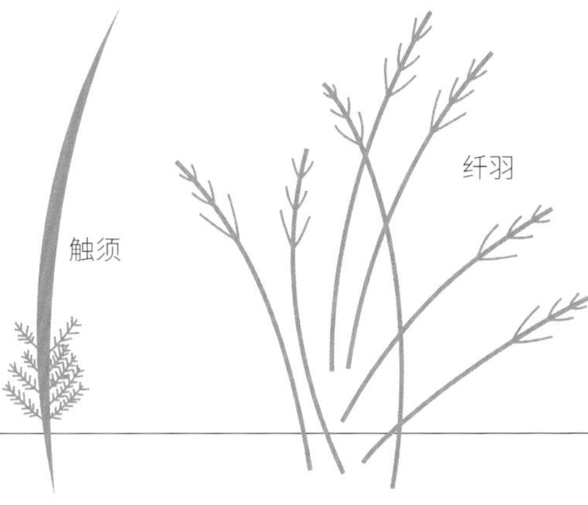


## 粉绒羽

这是在一些水鸟身上发现的一种特殊羽毛。粉绒羽不断生长并在顶端粉碎为蜡质鳞屑。鸟利用这种“粉末”梳理羽衣，为羽毛提供保护。

# 适合飞行的翅膀

翅膀是高度特化的上肢，它独特的结构和形状使大部分鸟类拥有飞行的能力。翅膀有很多种类型，因鸟的种类不同而各异。以不能飞的企鹅为例，它们的翅膀专门用于游泳。在动物界所有类型的翅膀中，只有鸟类的翅膀最适合飞行。鸟类的翅膀质轻且经久耐用，而且在某些情况下，鸟类还能在飞行过程中改良其翅膀的形状和性能。如果想弄清鸟类的翅膀和它们的体重之间的关系，那么“翼载荷”这个能够阐释每种鸟类的飞行特性的概念，将对此很有帮助。

## 动物世界中的翅膀

从翼龙到现代鸟类，它们的翅膀都由持续进化的上肢演变而来。翅膀的演化始于骨骼的适应性变化。除鸟类以外，其他飞行的脊椎动物的翅膀是由柔性外皮构成的膜面。这种翅膀从手部和身体的骨骼延伸出来，通常会一直延续到腿部，这取决于动物的种类。鸟类翅膀的演化则依据完全不同的规则，它们的上肢和手部形成一种皮肤、骨骼和肌肉的综合体，具有由羽毛组成的翅膀表层。另外，根据鸟类对环境的适应需要，它们的翅膀可以在结构上发生重大的变化。

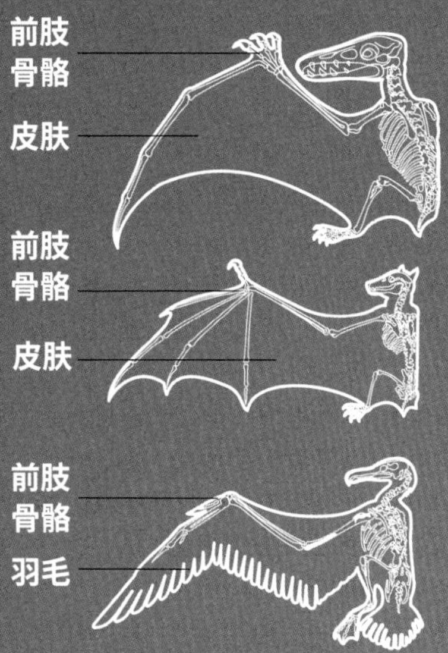


**翼龙**
仍长有爪，仅有一根指骨伸展成翅翼。

**蝙蝠**
四根指骨伸展成膜翅，拇指仍为爪状。

**鸟类**
愈合的指骨形成翼尖，上面覆有尾羽或初级飞羽。

## 翅膀的种类

依据所处环境和飞行类型，鸟类拥有不同的翼形，能够让它们既省力又高效地飞行。翼形也取决于鸟类的身体大小。因此，根据特定鸟类的需要，初级飞羽和次级飞羽的数量会发生变化。

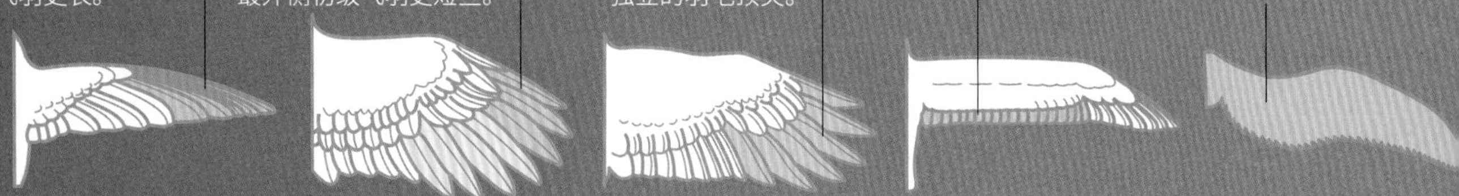

外部的初级飞羽更长。
与中央的初级飞羽相比，最外侧初级飞羽更短些。
基部宽大，长有独立的羽毛顶尖。
长有很多次级飞羽。
翅膀上长满短短的羽毛。

**飞得快的翅膀**
飞羽的羽片大而且排列紧密，可以拍动；表面积缩小以防止过分摩擦。

**椭圆形翅膀**
对于混合式飞行更实用，非常灵活。很多鸟类都长有这种翅膀。

**适合在陆地上空翱翔的翅膀**
宽大，适合低速飞行。独立的飞羽能够防止在滑翔时产生涡流。

**适合在海洋上空翱翔的翅膀**
当需要飞行时，这种长而窄的翅膀非常适合逆风滑翔。

**适合游泳的翅膀**
为了适应游泳，企鹅的羽毛变短了，主要起保温作用。

## 翼的大小和载荷

翼展是指翅膀左右翼尖之间的长度。用翼展乘以翼的宽度得出翼的表面积，这是一种测量鸟类飞行能力的最基本的数据。并不是任何一种翅膀都能够让鸟类在空中飞行，动物的大小（通过重量计算）和翅膀的表面积之间的关系密切，这种关系称为翼载荷，对于理解某些物种的飞行行为至关重要。信天翁的翅膀虽大，但是它的翼载荷却非常小，这使信天翁成为出色的滑翔家；蜂鸟只能通过剧烈地拍打小小的翅膀以支撑起整个身体的重量。翼载荷越小，鸟滑翔得越远；翼载荷越大，鸟飞得越快。

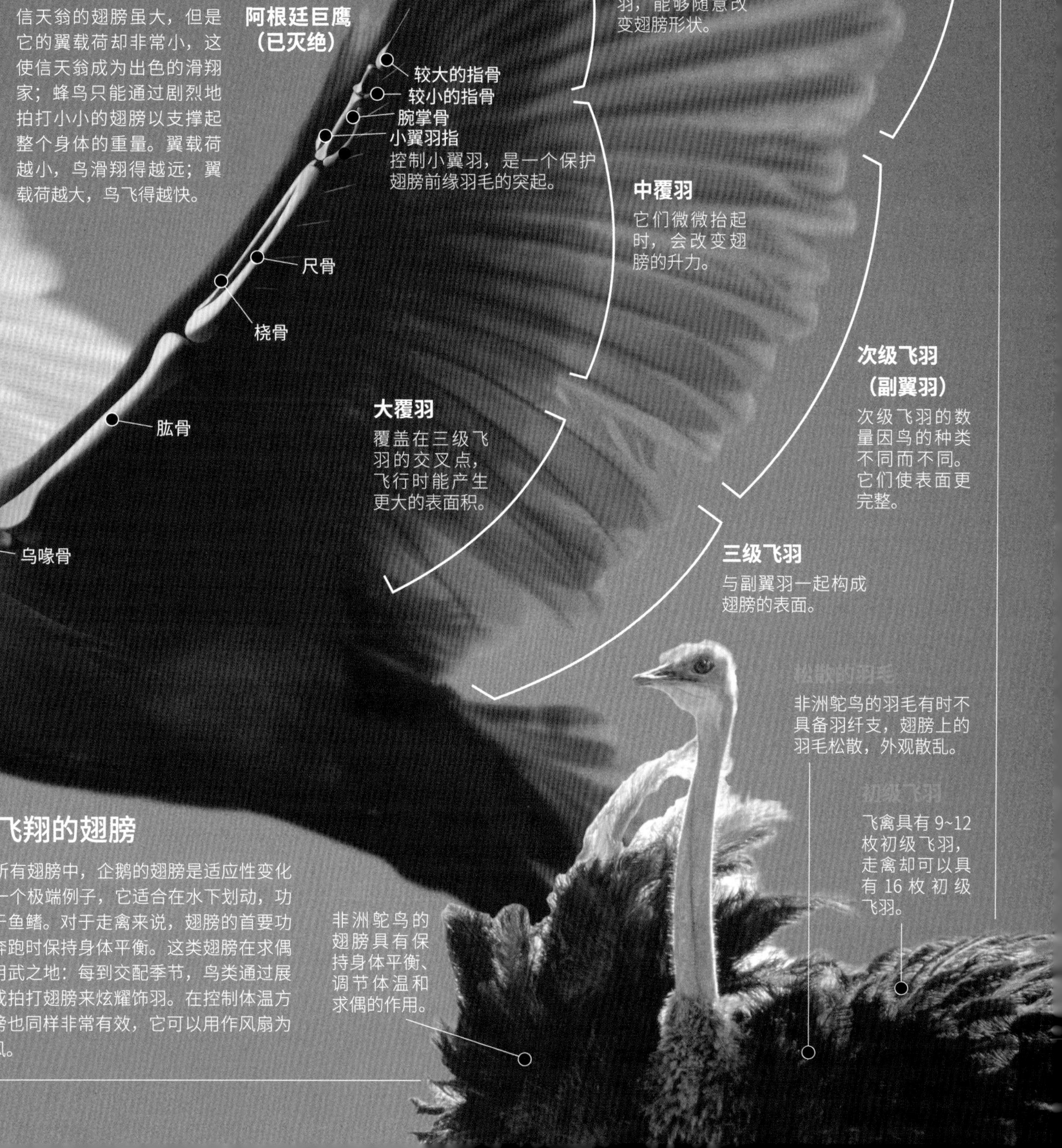


## 无法飞翔的翅膀

在所有翅膀中，企鹅的翅膀是适应性变化的一个极端例子，它适合在水下划动，功能类似于鱼鳍。对于走禽来说，翅膀的首要功能是在奔跑时保持身体平衡。这类翅膀在求偶期大有用武之地：每到交配季节，鸟类通过展开双翼或拍打翅膀来炫耀饰羽。在控制体温方面，翅膀也同样非常有效，它可以用作风扇为身体通风。

# 尾的种类

在进化过程中，鸟类的尾椎骨愈合成一块尾综骨，而且在此处还长出大小和颜色各异的羽毛。这些羽毛具有多种功能，它们能够在飞行时控制飞行动作，在着陆时起到制动器的作用，还能发出声音。在求偶期雄鸟也会使用这些羽毛吸引雌鸟，以赢得雌鸟的好感。根据种类的不同，鸟的尾部通常由数目、长度和硬度各异的尾羽构成。

## 发挥作用的关键

基于羽毛的形状和参与的动作，尾部能够发挥各种各样的作用。尾综骨上强健的肌肉能够调整羽衣，为求偶表演和飞行做准备，在行走和飞落在树枝上时能协助身体保持平衡，还能在游泳时发挥舵的作用。

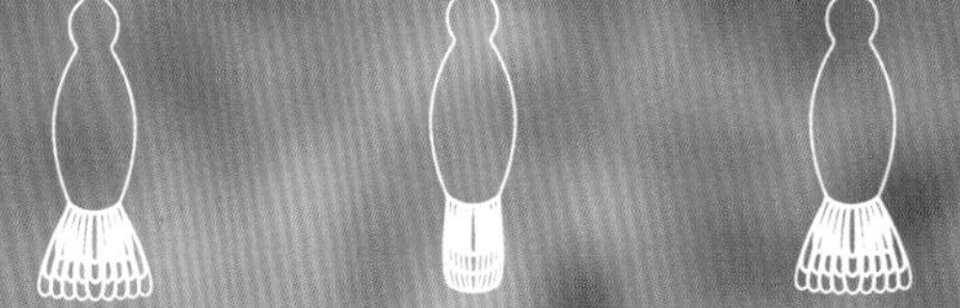


**着陆 1**
羽衣向外展开，身体主轴与地面平行。

**着陆 2**
身体向后仰，尾部闭合。腿部准备抓握树枝。

**着陆 3**
展开的尾羽配合剧烈拍动的翅膀，使鸟能够放慢速度，准备着陆。

## 求偶表演

雌性黑琴鸡的尾羽是直的，而雄性黑琴鸡的尾羽为半月形。通常情况下，它们的尾羽是闭合的，且垂向地面。然而在求偶表演时，雄鸟会展开尾羽，毫无保留地向雌鸟炫耀。为了完成表演，雄鸟会在雌鸟面前来回跑动。

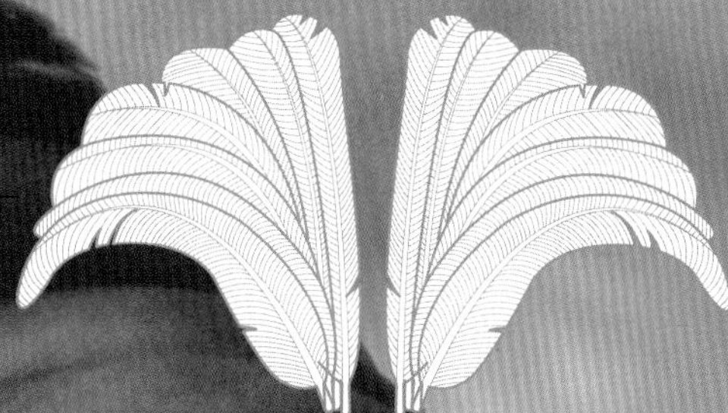

**尾羽**

在飞行过程中，尾羽可能可能会与植物碰撞或与空气摩擦，造成磨损。

**黑琴鸡**（*Lyrurus tetrix*）

通过蓝黑色的羽衣和双眼上方红色的肉冠可辨别雄性黑琴鸡。

**尾下覆羽**

覆盖在尾羽下部的羽毛，能够保护尾羽避免因空气摩擦而产生磨损。

## 扇形的尾羽

飞禽的尾羽非常轻，且形状符合空气动力学原理。啄木鸟等会爬树的鸟的尾羽羽衣坚硬，尖尾可以用作支撑。雄性孔雀的覆羽比尾羽发达，因此它们能够炫耀自己的覆羽。

**燕尾（叉状尾部）**

燕子和军舰鸟具有这种尾部。外部羽毛非常长，看起来像把剪刀。

**圆尾**

百灵鸟等鸣禽具有这种尾部。中央的羽毛仅比两边的羽毛略长。

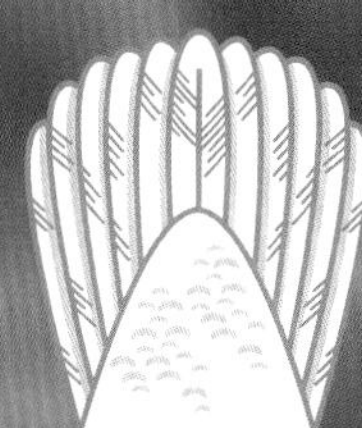

**凸尾**

咬鹃和翠鸟具有这种尾部。当闭合时，尾部呈层叠状。

**凹尾**

冠蓝鸦具有这种尾部。中央的羽毛比两边的羽毛略短。

**方尾**

鹌鹑具有这种尾部。尾短，且羽毛的长度相同。

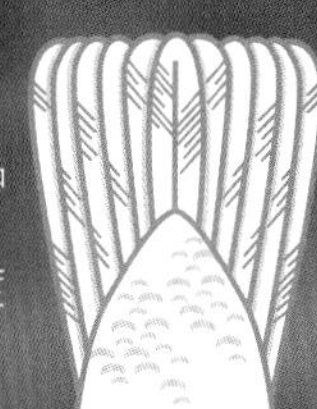

# 换羽，为了生存

定期更换羽衣称为换羽。换羽就是用完好无缺的新羽更换磨损的旧羽。在鸟类的生命周期中，换羽与迁徙和养育幼鸟同等重要。换羽现象是由环境因素决定的。首先，环境因素触发鸟类体内的一系列激素刺激，鸟类开始增加进食量并减少其他活动，继而通过积累脂肪而增加体重，而脂肪将作为形成新羽衣的能量源。

## 换羽

换羽的主要作用是更换磨损的羽衣，同时也帮助鸟儿适应不同的季节和不同的生命阶段。换羽既可以更换部分羽毛，也可以更换全部羽毛。有些鸟儿会在春季到来之前更换羽毛，目的是吸引配偶。秋天，成鸟会在照顾幼鸟之前完成换羽。对于大部分鸟类而言，换羽从各羽区开始，遵循固定的顺序进行。然而，企鹅会在 2~6 周内同时更换所有羽毛。

### 季节性变化

在高山地区，冬季的冰雪会改变地貌。每到这个时候，无迁徙习性的鸟类就会把夏季羽衣更换为冬季羽衣。这种变化能够帮助它们躲避捕食者。

**夏季羽衣**
羽毛有很深的色素沉积，这使它们能够与植被融为一体。

**冬季羽衣**
崭新的无色素沉积的羽毛，使它们能够与白雪融为一体。

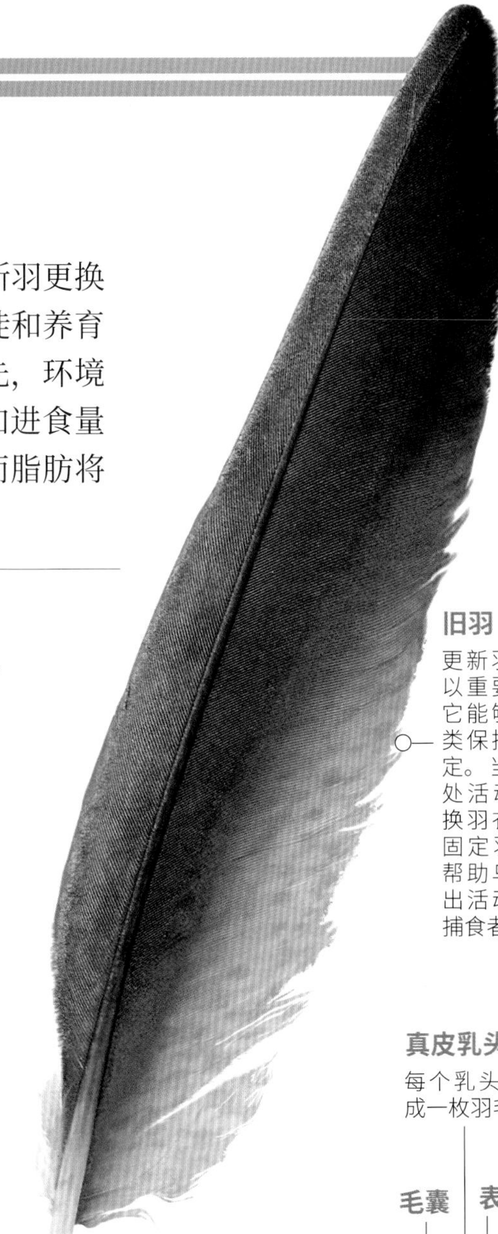

旧羽
更新羽衣之所以重要是因为它能够帮助鸟类保持体温稳定。当鸟类到处活动时，更换羽衣还能够固定羽毛，并帮助鸟类在外出活动时不被捕食者发现。

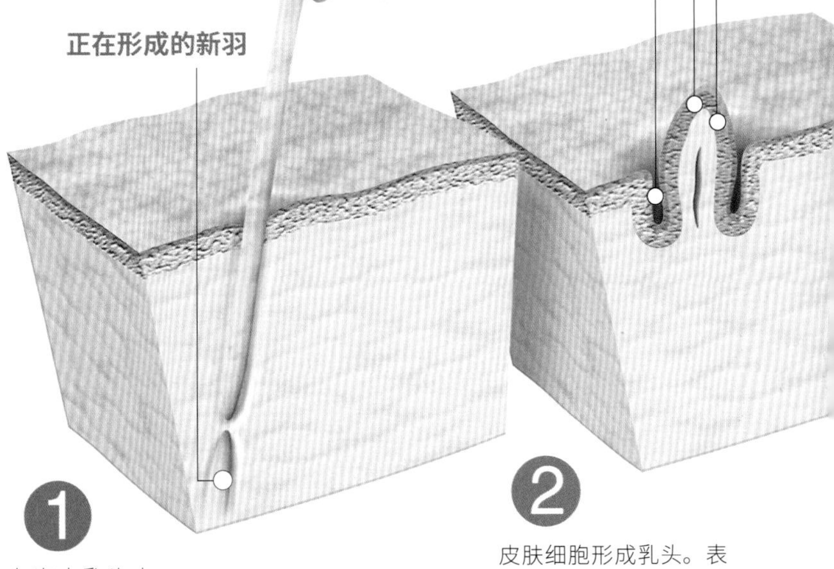

真皮乳头
每个乳头中形成一枚羽毛。
毛囊
表皮
正在形成的新羽

1 在表皮乳头中，新羽的形成会导致旧羽的脱落。

2 皮肤细胞形成乳头。表皮细胞比真皮细胞繁殖得快，并形成一个领状凹陷，叫作毛囊。

## 羽毛更换顺序

很多鸟类都按照特有的顺序开始这种由激素触发的换羽。换羽先从飞羽和翼覆羽开始，然后到尾羽，最后到身体覆羽。这个渐进的过程可以使鸟类保持体温稳定。

**1** 更新始于第一枚初级飞羽，然后向外扩展。在次级飞羽部分，更新沿着两个方向进行扩展。当形成 3/4 的新飞羽时，更换开始。

**2** 更换翼覆羽。

**3** 从中间向外更换尾羽。尾羽的更换与三级飞羽的脱落同时发生。

**4** 从中间向外大规模地更换胸部、背部和头部覆羽。此变化与第七枚飞羽（单一飞羽）的更换相一致。

**当更新达到顶峰时，鸟类体表的羽毛覆盖率为**

# 61%。

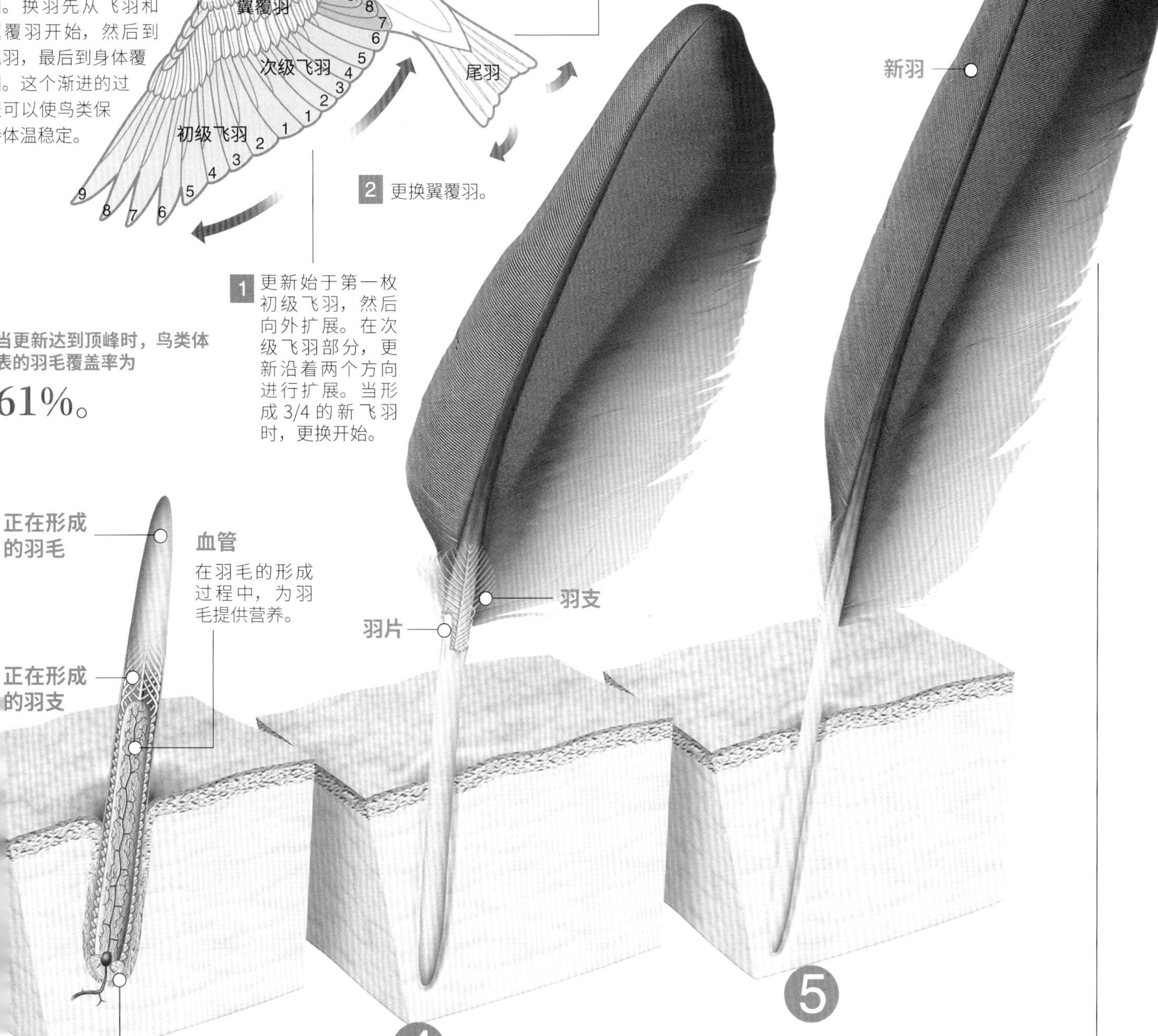


**3**

…不断生长并变为层叠状。…层覆盖着角蛋白，为底部…发层（乳头细胞核）提供…。真皮细胞通过新羽内部…管输送营养物质。

**4**

生发层快速生长，开始形成新羽。羽轴、羽支和羽小支逐渐角质化。输送营养物质的血管被重新吸收，而与真皮层之间的连接关闭。最后，保护性羽片破碎，新羽展开。

**5**

现阶段无生命的羽毛形成它特有的叶片形状。毛囊底部残留的真皮和表皮细胞所形成的区域为羽毛的更替提供场所。

**每枚新羽毛形成平均需要的时间为**

# 20 天。

# 滑 翔

当进行长距离移动时，鸟类需要借助气流飞行来节省体能。在鸟类世界中有两类滑翔者——陆地鸟类和海洋鸟类。这两类滑翔者利用的是不同的大气现象：陆地鸟类利用上升的热气流飞腾，而海洋鸟类利用海面风飞腾。一旦鸟类上升至一定高度，它们就会沿直线轨迹滑翔。其高度会缓慢地下降，直到遇到另一股能托起它们的热气流。无论是在陆地还是在海洋上滑翔的鸟类，它们都长有相当大的翅膀。

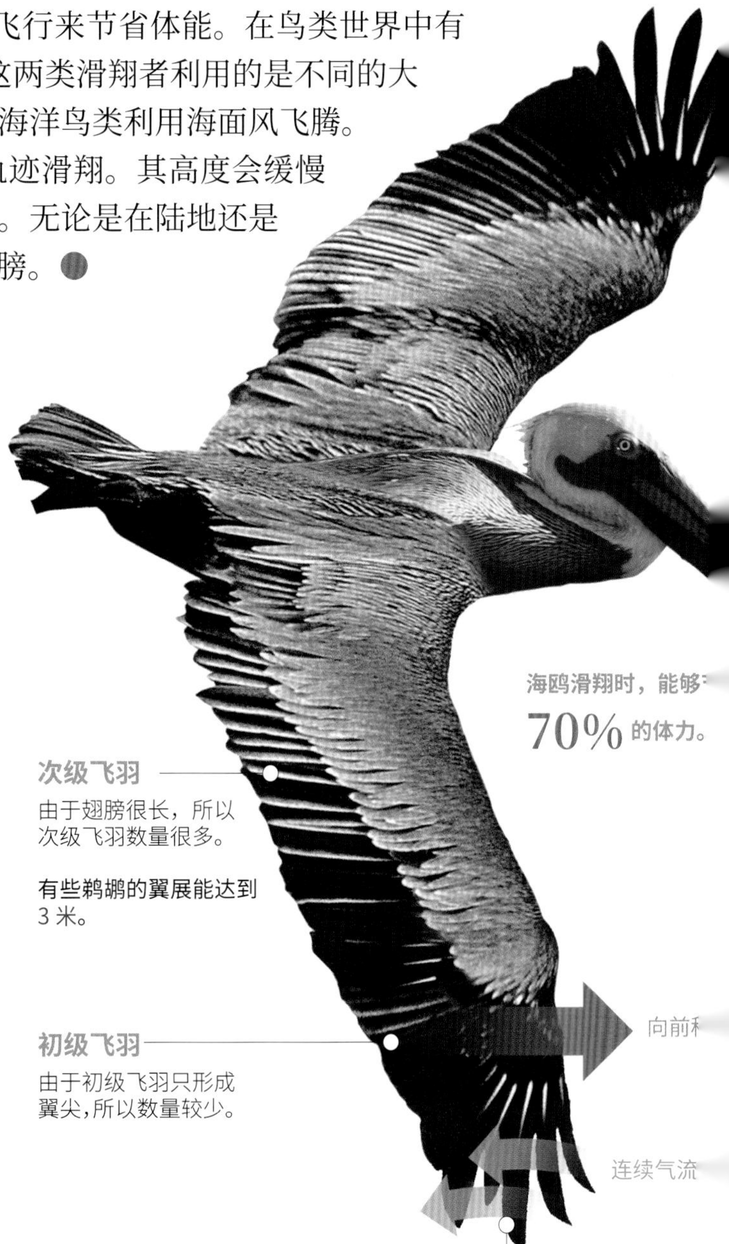


## 滑翔翼的种类

**陆地滑翔鸟类**
巨大的翅膀表面积让鸟类能够充分利用上升气流以中速飞行。

**海洋滑翔鸟类**
长而薄的翅膀让鸟类能够充分利用海面恒定风，向前滑行时能减少阻力。

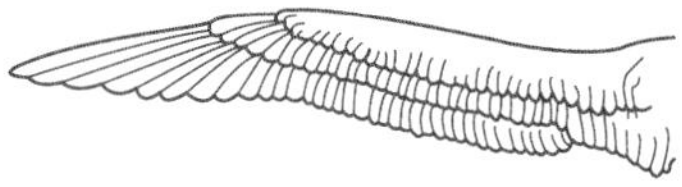

## 起飞

通常情况下，在用力跳跃的同时垂直拍动翅膀足以让鸟类起飞。当翅膀向下扇动时，翼尖上的飞羽堆叠在一起，形成一个能够驱动鸟类上升的气密表面。当鸟类抬起翅膀以便重复这个动作时，飞羽弯曲并展开，直到翅膀抬高到最高点。随后再拍动几次翅膀，鸟类就可以飞起来了。较大的鸟类需要在地面或水面上助跑一段距离才能成功起飞。

2. 向下扇动翅膀时，初级飞羽闭合，阻止气流穿过。
3. 攀升
1. 在拍动翅膀过程中，当翅膀上扬时，初级飞羽展开，以减少空气阻力。
最初跃动
奔跑

### 翼梢小翼

陆地滑翔鸟类通常具有独立的初级飞羽（朝向翼尖），能够降低气流穿过此处产生的噪声和张力。

现代飞机就模仿了鸟类这一结构特点。

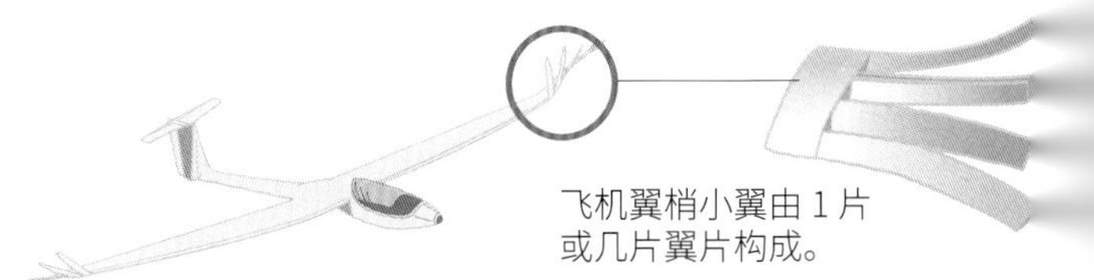

飞机翼梢小翼由 1 片或几片翼片构成。

## 海洋鸟类

这类鸟类多具有长而窄的翅膀，例如信天翁，擅长被称为“动力翱翔”的飞行技术。它们的翅膀可以说是为利用水平气流而生的，而水平气流正是海浪形成的主要因素。这些鸟类最终形成了一种在空中绕圈的飞行方式：迎风攀升、顺风滑翔。它们可以随时进行这种飞行表演。

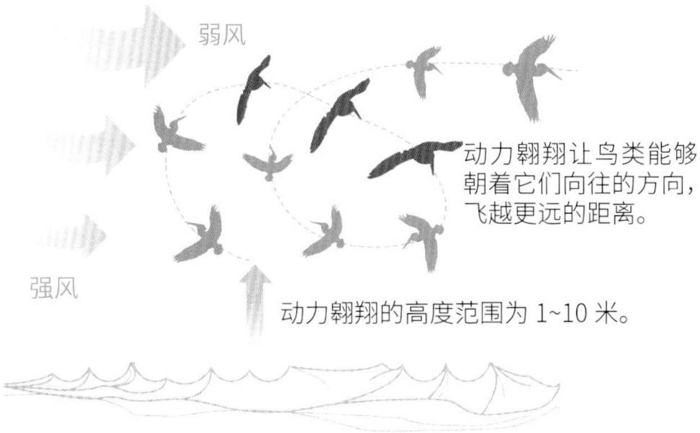

弱风
动力翱翔让鸟类能够朝着它们向往的方向，飞越更远的距离。
强风
动力翱翔的高度范围为 1~10 米。

### 飞行队形

对于鸟类来说，编队飞行是一种省力的扑翼飞行方式。编队飞行时，领飞的头鸟面临的摩擦阻力比较大，其他成员面临的摩擦阻力会相应变小。编队飞行有两种基本队形：“L”形和“V”形。鹈鹕采用“L”形编队，而大雁则采用“V”形编队。

空中接力
当头鸟飞累了，编队中会有另一只鸟自动补位。

**“L”形编队**

头鸟
头鸟竭尽全力分隔气流。

编队其他成员
编队其他成员尾随其后，利用头鸟扑翼所产生的涡流获得升力。

**“V”形编队**

原理与“L”形编队相同，只是鸟儿排成仅有 1 个交点的 2 列。“V”形编队是一种常见的队形，大雁、野鸭和苍鹭就采用这种队形。

**编队飞行时，大雁的扑翼动作可以减少 14%。**

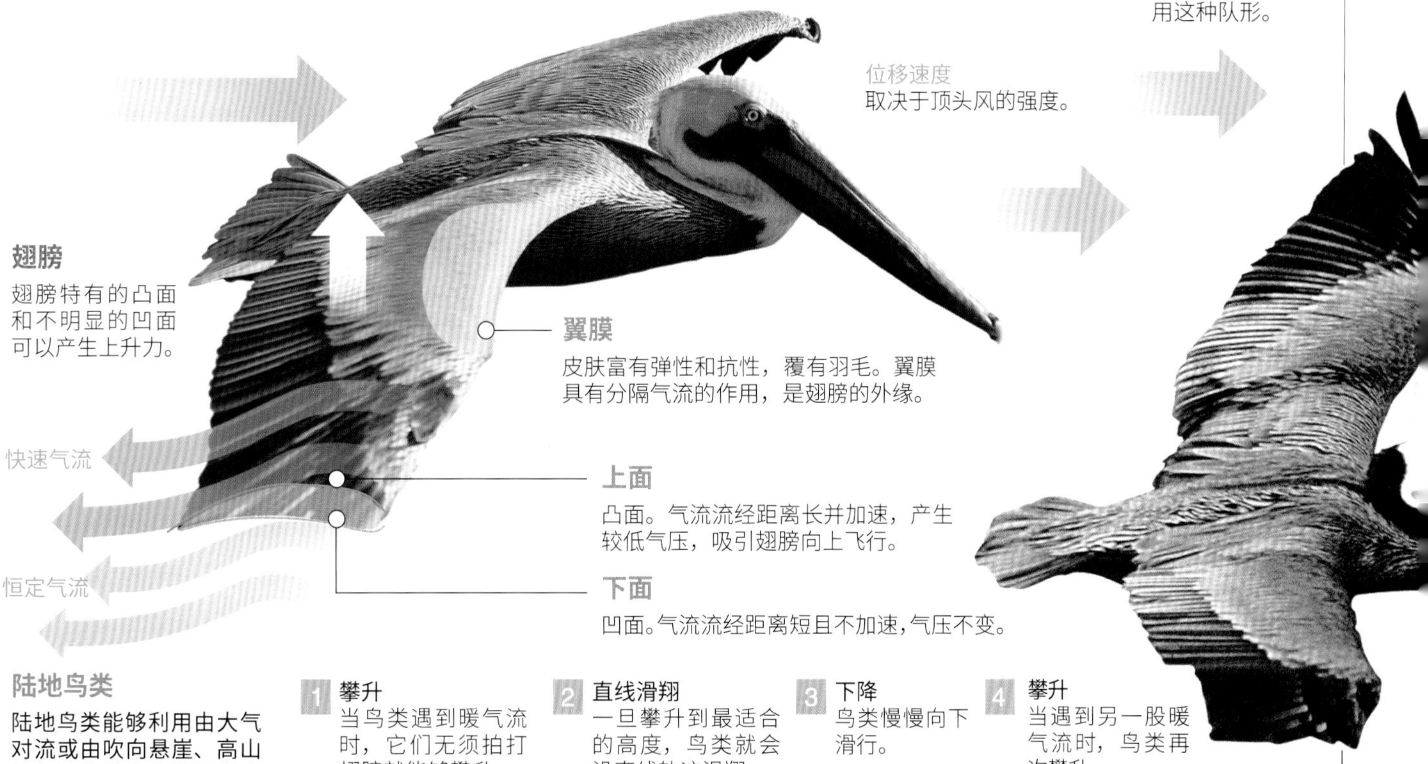

位移速度
取决于顶头风的强度。
翅膀
翅膀特有的凸面和不明显的凹面可以产生上升力。
翼膜
皮肤富有弹性和抗性，覆有羽毛。翼膜具有分隔气流的作用，是翅膀的外缘。
快速气流
上面
凸面。气流流经距离长并加速，产生较低气压，吸引翅膀向上飞行。
恒定气流
下面
凹面。气流流经距离短且不加速，气压不变。

### 陆地鸟类

**陆地鸟类能够利用由大气对流或由吹向悬崖、高山的气流偏移产生的温暖上升气流爬升，随后沿直线轨迹滑翔。只有白天才可能使用这种飞行方法。**

1 **攀升** 当鸟类遇到暖气流时，它们无须拍打翅膀就能够攀升。

2 **直线滑翔** 一旦攀升到最适合的高度，鸟类就会沿直线轨迹滑翔。

3 **下降** 鸟类慢慢向下滑行。

4 **攀升** 当遇到另一股暖气流时，鸟类再次攀升。

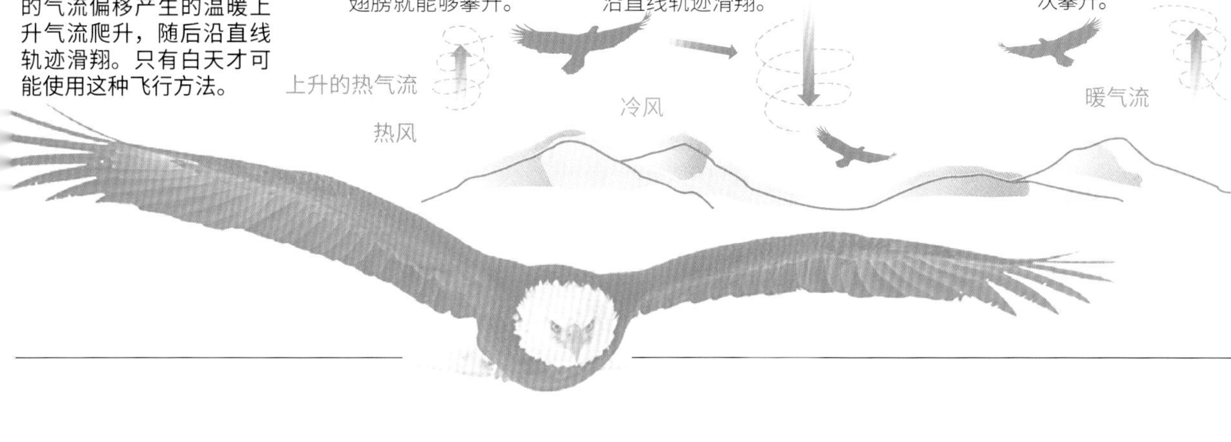

# 扑翼飞行

大部分飞禽在飞行时都要拍打翅膀。翅膀在空气中挥动，仿佛是在划水。通过每次拍动（翅膀抬高和降低），翅膀不但在空中支撑起鸟类的身体，还推动身体向前。鸟类的扑翼飞行方式和扑翼频率各有不同。一般而言，鸟类越大，扑翼的力量越大，扑翼的频率越低。因为扑翼运动的能量消耗非常大，所以鸟类会选择适合自己的扑翼方式。有些鸟类，例如蜂鸟，总是拍动翅膀，而其他鸟类则将拍动翅膀和短时滑行交替进行。根据不同需求，鸟类翅膀的形状也各不相同。需要远距离飞行的鸟类具有长而窄的翅膀，而那些仅在树木间飞行的鸟类具有短而圆的翅膀。●

头部
向后倾斜以便更靠近重心（两翼之间）并保持平衡。
尾部
微弯，飞行时起舵的作用，着陆时起制动器的作用。
腿部
着陆前静止不动，贴近身体。
喙
前伸，其空气动力学外形减少飞行时产生的空气阻力。
翼展角度
角度可变，取决于翅膀的位置。当向下拍动翅膀时，角度变小。

## 50 千米 / 时

**这是一只成年鹈鹕在白天无风情况下的平均飞行速度。**

## 专门的设计

扑翼飞行是一种能耗非常大的运动，因此，鸟类必须大量进食。一只迁徙途中的燕子每飞行 2.5 千米需要消耗约 16 000 焦耳的热量，而一只小型哺乳动物行进同样的距离仅需约 100 焦耳的热量。

### 波状飞行路线

这种路线适合高速飞行的鸟类，由下列步骤构成：首先通过拍打翅膀攀升，然后合起翅膀以便沿着飞行轨迹下降，之后再次拍动翅膀，利用下降时的惯性再次向上攀升。另一种飞行方式从这种方式变化而来，在扑翼动作之间引入了滑翔动作。

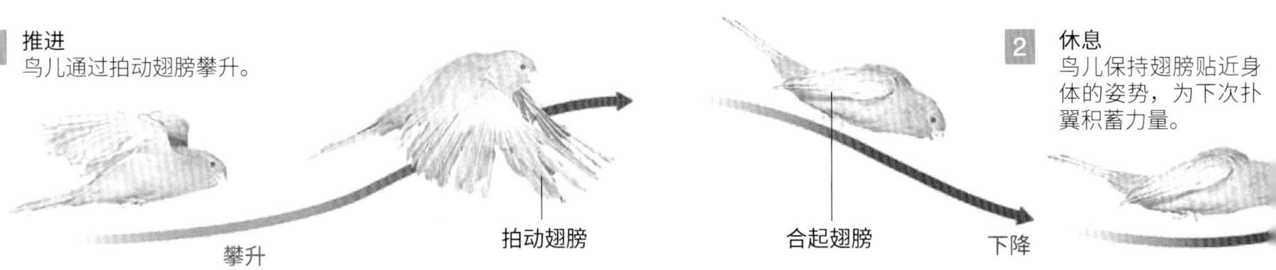

## 1 上挥

当翅膀向上运动时，飞羽展开形成沟槽以减少摩擦。此时为鸟类身体提供支撑的是翼膜，它是一层固定羽毛和包裹骨骼的皮肤。

**力量**

从地面攀升时，翅膀弯曲呈拱形并用力拍打，通常会产生很大的噪声。

## 2 下拍

当翅膀向下运动时，飞羽受迫聚集到一起，翅膀稍微向前移动，以获得额外支撑。翼尖弯曲以向前推动身体，好像划船一样。

肌肉力量分布于整个翅膀，但翼尖附近肌肉力量更强。

翅膀下拍为飞行提供推进力。

**喉囊**

由富有弹性的皮肤构成，可在飞行过程中贮存食物。

**翅膀来回扇动**

当翅膀扇动空气并向前推进身体时，它能发挥船桨一样的作用。

### 风车式飞行

**蜂鸟**

蜂鸟能够像直升机一样盘旋悬停，以便把花蜜从花朵中吮吸出来。与其他鸟类相比，蜂鸟的翅膀仅与肩部相连，这使翅膀的活动范围更大，让蜂鸟在翅膀上挥和翅膀下拍时都能进行空中悬停。在定向飞行或盘旋悬停时，蜂鸟每分钟需要拍动翅膀多达4 800 次。

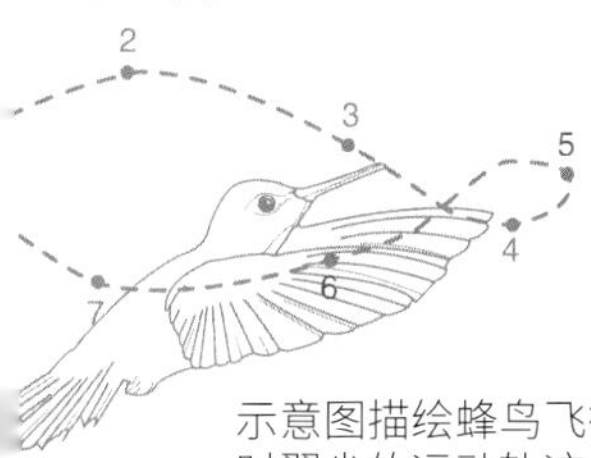


示意图描绘蜂鸟飞行时翼尖的运动轨迹。

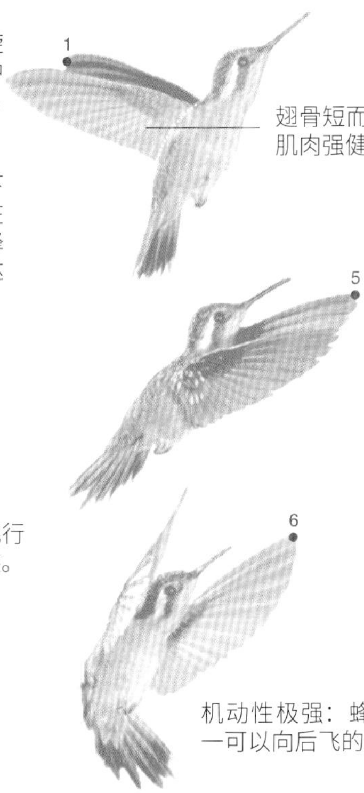


翅骨短而结实；肌肉强健有力。

机动性极强：蜂鸟是唯一可以向后飞的鸟类。

正常飞行时，翅膀每秒钟拍动 80 次。

**求偶表演**

在求偶期，某种蜂鸟每秒可拍动翅膀多达 200 次。

## 着陆

着陆要求降低速度，直到身体静止并成功降落。鸟类迎风展开尾部、翅膀和小翼羽（拇翼，以其硬度和生长在第一指上为特点），同时抬起身体并伸直双腿以增加与空气的接触面积。另外，鸟类朝着与飞行方向相反的方向快速拍动翅膀，这所有的动作都类似于空气动力制动装置。有些鸟类，例如翅膀长而窄的信天翁，可能在减速方面会遇到问题，因此，这些鸟类在地面着陆时有些笨拙，但是在水面降落时，它们却能用双足在水面上滑行，直到停下来为止。

# 速度纪录

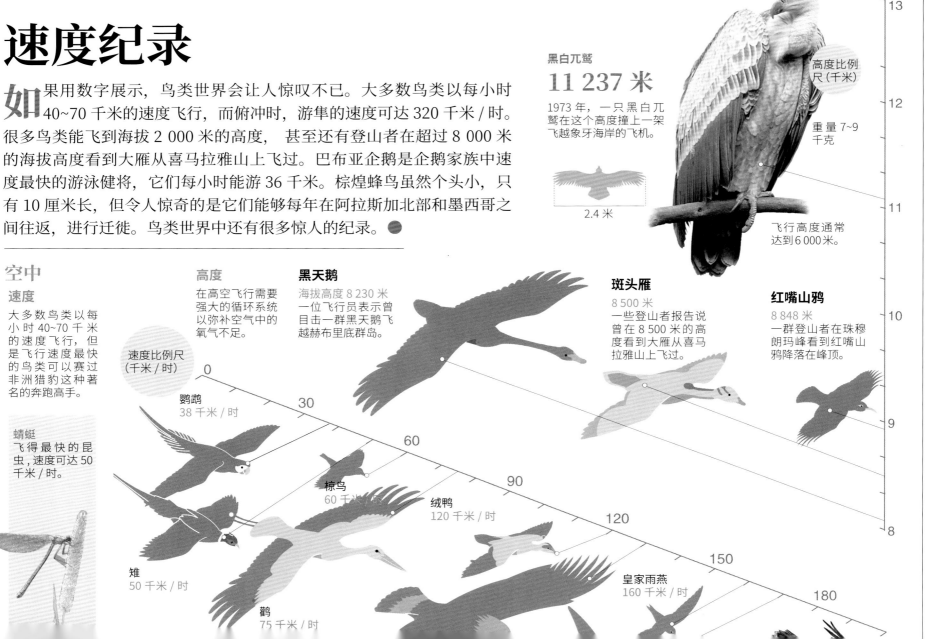

如果用数字展示，鸟类世界会让人惊叹不已。大多数鸟类以每小时40~70千米的速度飞行，而俯冲时，游隼的速度可达320千米/时。很多鸟类能飞到海拔2 000米的高度， 甚至还有登山者在超过8 000米的海拔高度看到大雁从喜马拉雅山上飞过。巴布亚企鹅是企鹅家族中速度最快的游泳健将，它们每小时能游36千米。棕煌蜂鸟虽然个头小，只有10厘米长，但令人惊奇的是它们能够每年在阿拉斯加北部和墨西哥之间往返，进行迁徙。鸟类世界中还有很多惊人的纪录。

**黑白兀鹫**

**11 237 米**

1973年，一只黑白兀鹫在这个高度撞上一架飞越象牙海岸的飞机。

## 空中

### 速度

大多数鸟类以每小时40~70千米的速度飞行，但是飞行速度最快的鸟类可以赛过非洲猎豹这种著名的奔跑高手。

蜻蜓
飞得最快的昆虫，速度可达50千米/时。


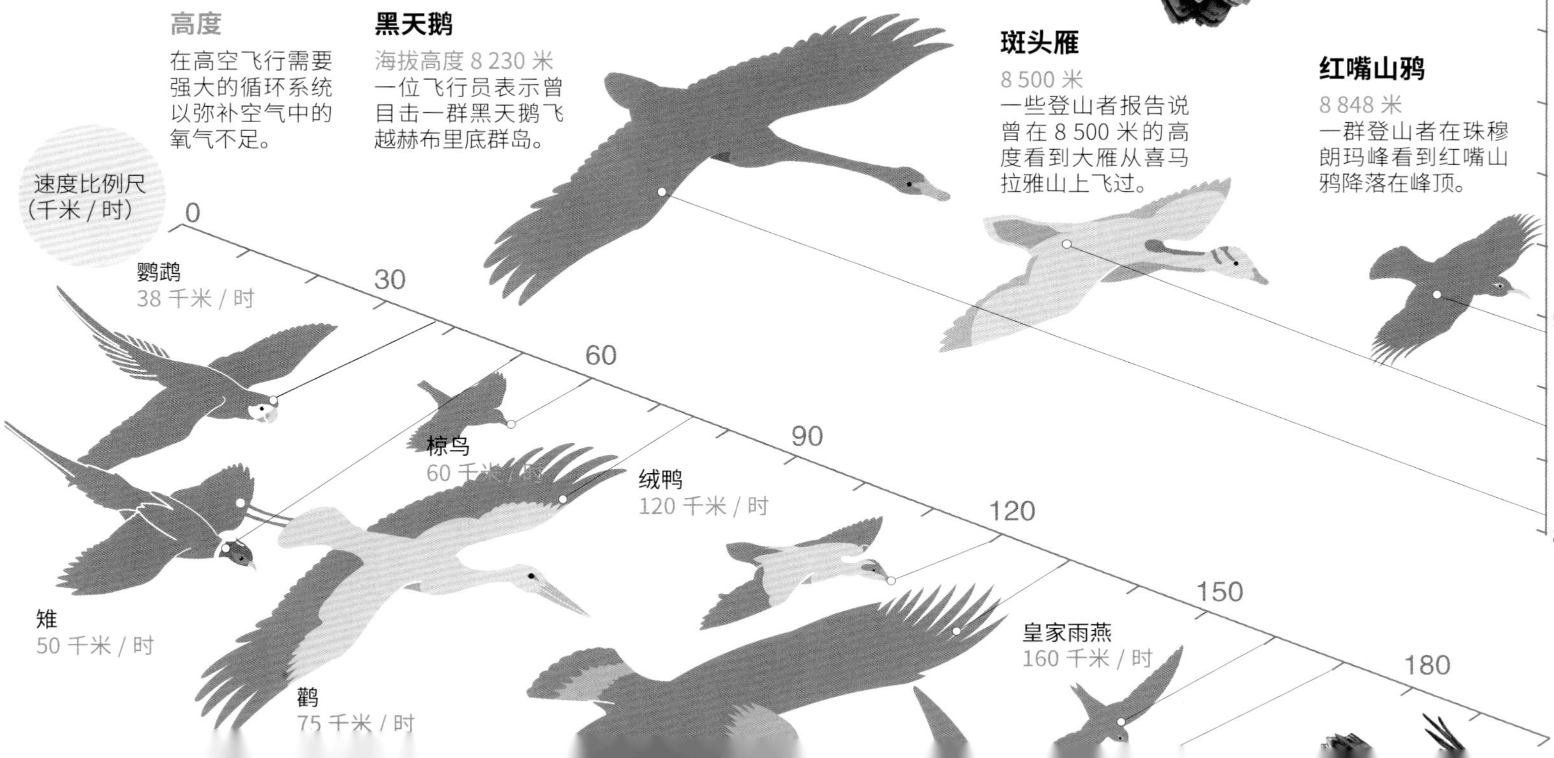

（千米/时）
陆——水

大象
28 千米 / 时

野兔
32 千米 / 时

长颈鹿
50 千米 / 时

非洲鸵鸟
72 千米 / 时
是跑得最快的鸟类。

叉角羚
88 千米 / 时
是长距离跑得最快的哺乳动物。

非洲猎豹
**105 千米 / 时**
是短距离跑得最快的哺乳动物。

针尾雨燕
171 千米 / 时

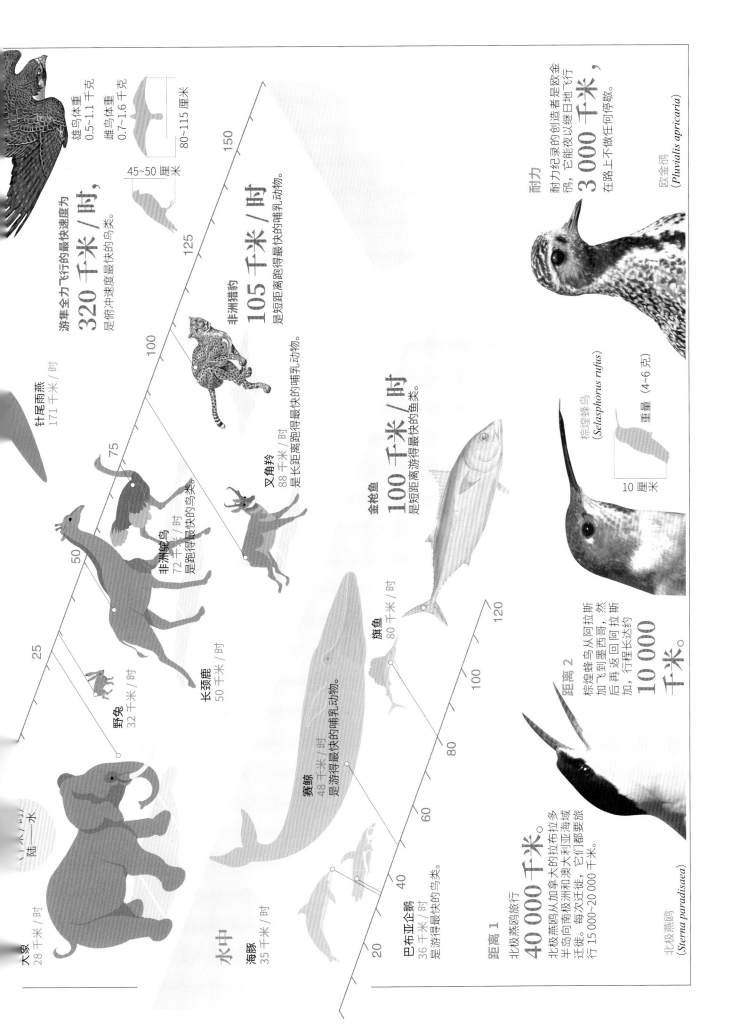

游隼全力飞行的最快速度为
**320 千米 / 时，**
是俯冲速度最快的鸟类。

雄鸟体重
0.5~1.1 千克

雌鸟体重
0.7~1.6 千克

45~50 厘米

80~115 厘米

25 50 75 100 125 150

## 水中

海豚
35 千米 / 时

巴布亚企鹅
36 千米 / 时
是游得最快的鸟类。

赛鲸
48 千米 / 时
是游得最快的哺乳动物。

旗鱼
80 千米 / 时

金枪鱼
**100 千米 / 时**
是短距离游得最快的鱼类。

20 40 60 80 100 120

### 距离 1

北极燕鸥旅行
**40 000 千米。**
北极燕鸥从加拿大的拉布拉多半岛向南极洲和澳大利亚海域迁徙。每次迁徙，它们都要旅行 15 000~20 000 千米。

北极燕鸥
(*Sterna paradisaea*)

### 距离 2

棕煌蜂鸟从阿拉斯加飞到墨西哥，然后再返回阿拉斯加，行程长达约
**10 000 千米。**

棕煌蜂鸟
(*Selasphorus rufus*)

10 厘米

重量（4~6 克）

### 耐力

耐力纪录的创造者是欧金鸻，它能夜以继日地飞行
**3 000 千米，**
在路上不做任何停歇。

欧金鸻
(*Pluvialis apricaria*)

# 鸟类的生活

鸟类的行为与季节变换密切相关。为了生存，鸟类必须为秋季和冬季的到来做好准备，并相应地调整自己的行为。举例来说，一只在海面上滑翔徘徊的信天翁能够在一天内飞行 2 900~15 000 千米来寻找食物。当求偶季节来临时，雄鸟

柳雷鸟的卵
雌鸟每隔1、2天产卵数枚，
并负责孵卵。

的行为就会有异于雌鸟：雄鸟会采用各种方法争取获得雌鸟的青睐，使雌鸟相信自己才是最适合它们的配偶。有些鸟类终生一夫一妻，有些鸟类则每年更换配偶。关于育雏和筑巢行为，对大部分鸟类而言，雌鸟和雄鸟都会参与其中。●

# 年生活周期

一年中的四季循环犹如一天的昼夜交替。光照强度随时间变化而发生变化，使得鸟类不管历经四季还是昼夜的交替都会发生一系列生理和行为上的变化。鸟类的繁殖和迁徙行为清晰地反映了它们的生物钟。鸟类的视网膜能够感受光线变化，进而诱导脑部的松果体分泌褪黑素，这种激素能够作用于下丘脑 - 垂体 - 肾上腺轴，调节身体内部功能。这就是鸟类开始换羽并要飞到其他地区的原因之一。

## 脑垂体是如何工作的?

繁殖是受脑垂体控制的一种主要活动。脑垂体是鸟类大脑中的一种具有若干功能的腺体，它能够决定寻找地点进行求爱和交尾、筑巢、孵卵以及刺激未诞生雏鸟破壳等行为。脑垂体能够接收神经刺激和化学刺激并分泌激素，而激素能够调节新陈代谢，使鸟类内部和外部性器官发育，例如性腺变大，并显现第二性征（如装饰性冠羽或羽衣）。

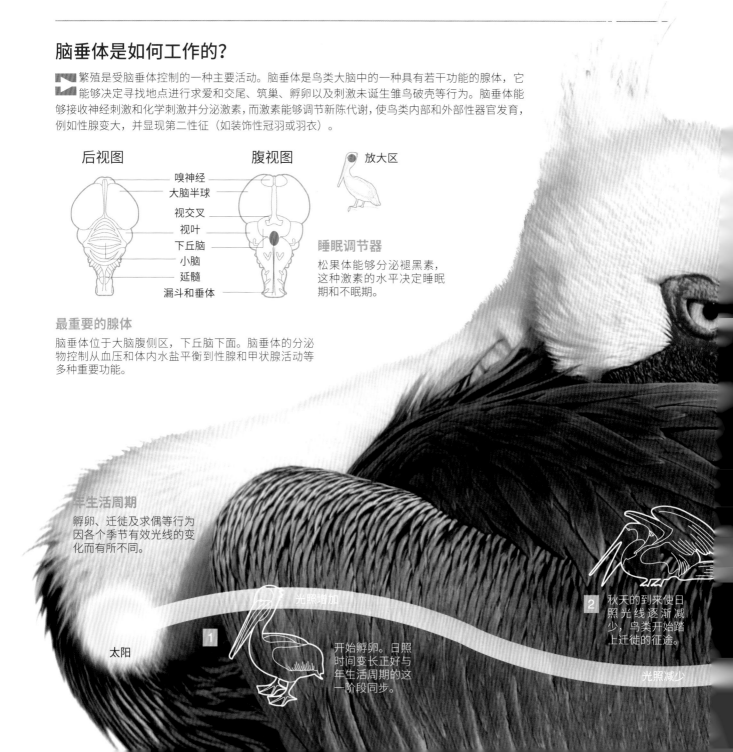

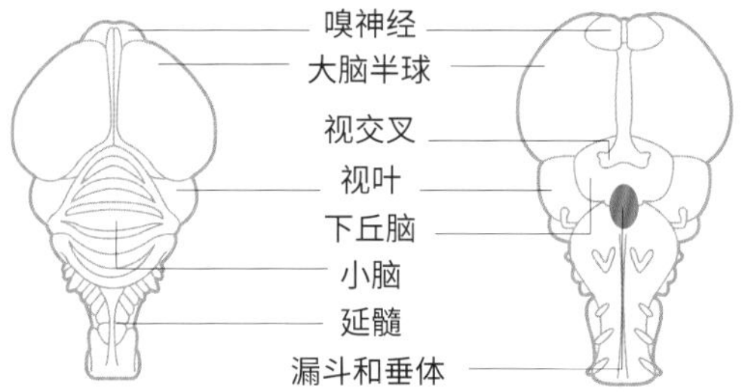

**睡眠调节器**

松果体能够分泌褪黑素，这种激素的水平决定睡眠期和不眠期。

**最重要的腺体**

脑垂体位于大脑腹侧区，下丘脑下面。脑垂体的分泌物控制从血压和体内水盐平衡到性腺和甲状腺活动等多种重要功能。

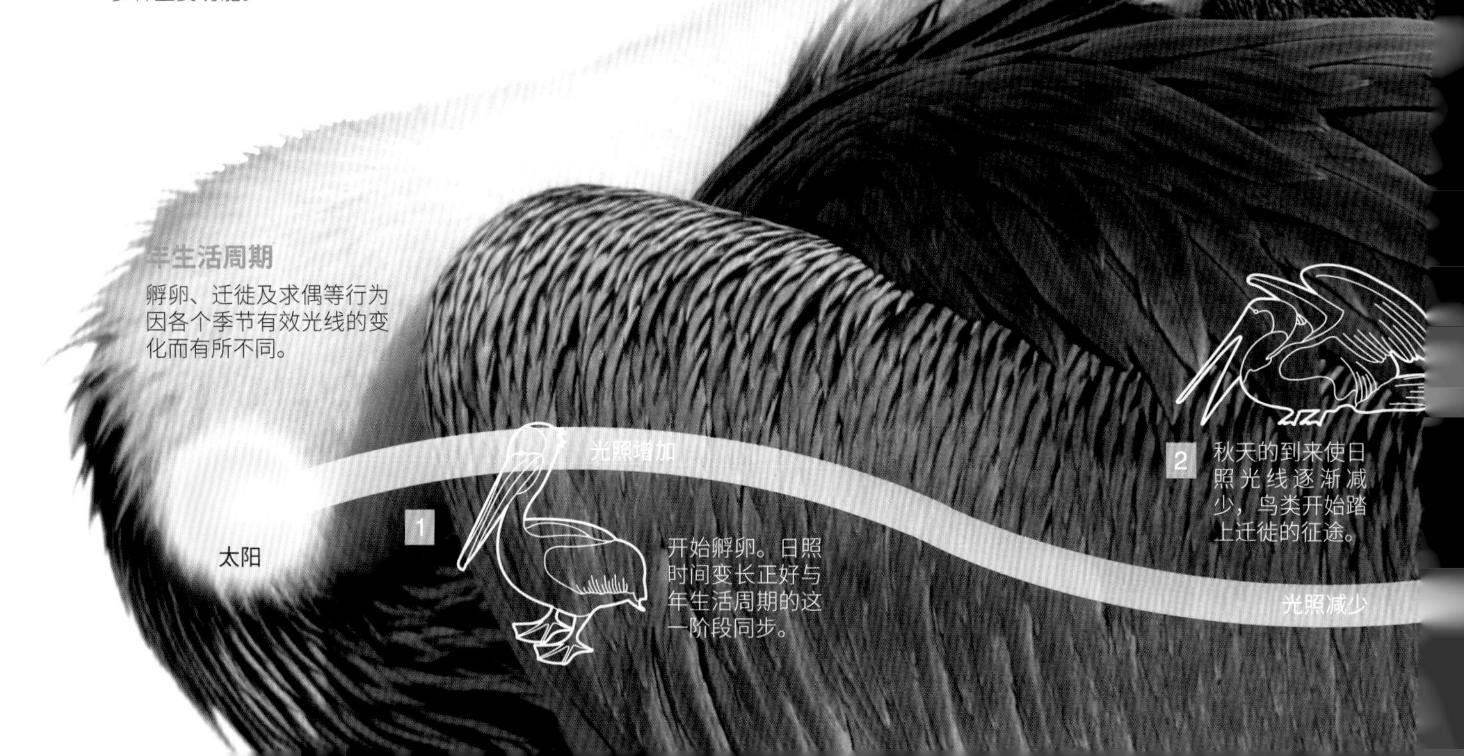

光照增加
太阳
1
开始孵卵。日照时间变长正好与年生活周期的这一阶段同步。
2
秋天的到来使日照光线逐渐减少，鸟类开始踏上迁徙的征途。
光照减少

**年生活周期**

孵卵、迁徙及求偶等行为因各个季节有效光线的变化而有所不同。

# 求生手册

鸟类最吸引人的行为与繁殖季密切相关。在求爱过程中，鸟儿们全身心地编排复杂的舞蹈动作，有些雄鸟还会为了争夺配偶而激烈地战斗。蓝脚鲣鸟、雄性军舰鸟和流苏鹬就是鸟类中具有上述行为的代表。其他鸟类，例如雪鹭（*Egretta thula*），偏爱用细枝筑巢，而褐色园丁鸟（*Amblyornis inornata*）用树叶、花朵或其他能够帮助它们赢得雌鸟芳心的材料搭建“凉亭”。鸟类的表演行为并非仅与求偶有关。双领鸻（*Charadrius vociferus*）会假装受伤来保护巢穴中的鸟蛋或幼鸟免受天敌伤害，它们拖曳翅膀仿佛翅膀已经折断了，把自身扮成容易获取的猎物，从而转移幼鸟可能面临的危险。

## 炫耀

华丽军舰鸟（*Fregata magnificens*）是生活在海岸地区的一种大型鸟类，翅大，爪有力，钩状喙强壮。在繁殖季节，雄鸟负责构筑鸟巢，并以其炫目的外形竭力吸引雌鸟。

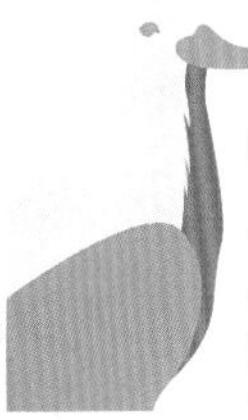

**炫耀新房**
当鸟筑巢时，它们的胸部不会鼓起，皮肤颜色为粉红色，呈放松状。

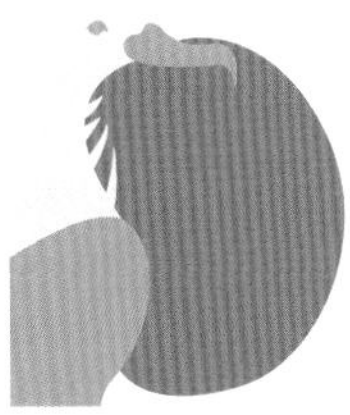

**红色胸腔**
喉囊能够持续充气膨胀几个小时，或直到雌鸟已选出最有魅力的雄鸟。

## 蓝脚鲣鸟之舞

雄性蓝脚鲣鸟（*Sula nebouxii*）会在标明巢穴领地后表演优雅的求偶舞，偶尔雌性也会一起跳。它们会边唱边跳，十分默契地展示自己的羽毛。

**1 昂首阔步**
昂首挺胸地拍打双翼，向前行进。

**2 垂首检阅**
低下头，像士兵一样围绕巢穴游行。最后，抖动整个身体。

**表示休息**
休息时，鹈鹕把头向后靠，把喙置于一只翅膀下面。

## 进入战斗状态

夏季，雄性流苏鹬的颈部长出一圈流苏状领和耳状羽毛。它们的求偶行为既粗野又惊人。当争夺交配领地时，它们会激烈打斗，然后才会驯服地四肢摊开躺在地上，直到其中一只被雌鸟选为意中人。

雄性流苏鹬（*Philomachus pugnax*）

**3** 初春时节光照增强，雄性鸟类用它们的大喉囊来吸引异性。

# 鸟类如何交流

声音是鸟类生活中一种重要的表达方式。鸟类能发出两种声音：鸣叫和鸣啭。鸣叫具有几种简单的音调，这几种音调与协调群体活动、建立亲鸟和幼鸟之间的交流以及在迁徙过程中与同伴保持联络有关。而鸣啭在韵律和变调方面则比鸣叫复杂得多。鸣啭受控于性激素，主要是受雄性激素的控制。正是由于这个原因，雄鸟才能唱出不同的曲调。鸣啭与性行为和领地防御相关，一般说来，鸟类经由遗传继承或通过学习来掌握鸣啭技能。

## 1 鸣啭与大脑之间的关系

鸟类的大脑具有发达的鸣啭机能。睾酮作用于负责记忆、识别、传播和执行鸣啭指令的大脑高级发声中枢。

**高级发声中枢**
高级发声中枢受中枢神经系统支配，向鸟类发出鸣啭指令。

**古纹状体粗核**
古纹状体粗核向鸣管肌发送信息。

**舌下神经核**
舌下神经核控制鸣管运动功能。

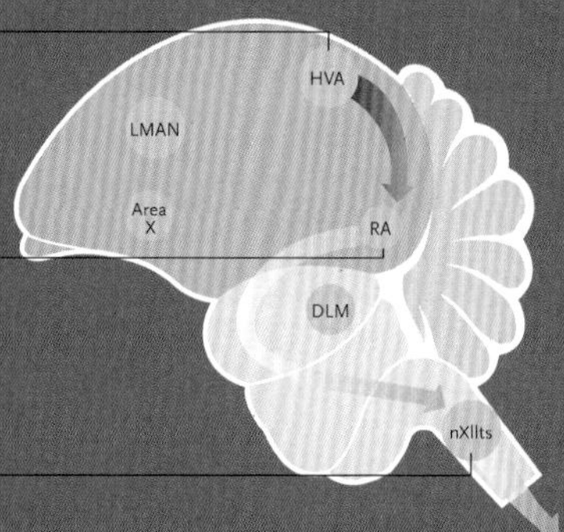


## 2 向支气管喷放空气

气流从气囊和肺部喷出，当流经鸣管（位于气管与支气管的交界处）时，引起鸣膜振动，进而发出声音。鸣膜相当于人类的声带。

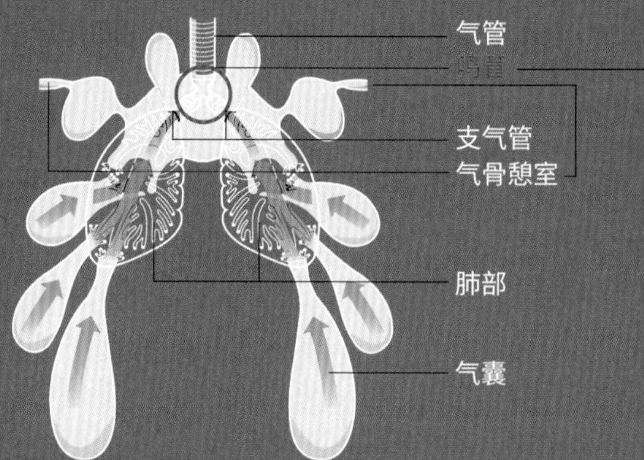


## 3 鸣管发声机制

声音的产生需要胸骨气管肌和5~7对小型内鸣肌的参与。这些肌肉控制鸣管的伸缩，产生不同的音调。气囊对于发声同样重要，因为气囊能够增加内部压力，使鸣膜绷紧。食管的作用类似于共鸣箱，能够扩大声音。颊咽腔使声音清晰悦耳。鸟类有两种清晰的发音方式：喉音和舌音。

**结构简单的鸣管**

鸣膜位于支气管分叉处的上方，它的伸缩受一对外鸣肌支配。

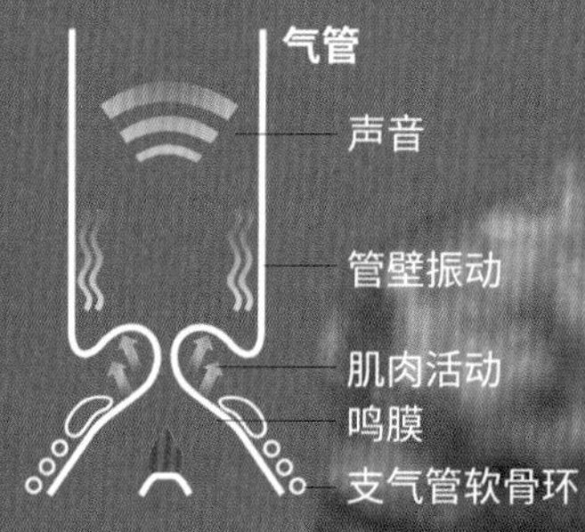


**鸣管发声**

**A 气流和支气管**
在吸入和呼出空气的过程中，鸣禽控制气流不对处于静止状态的鸣管产生影响。

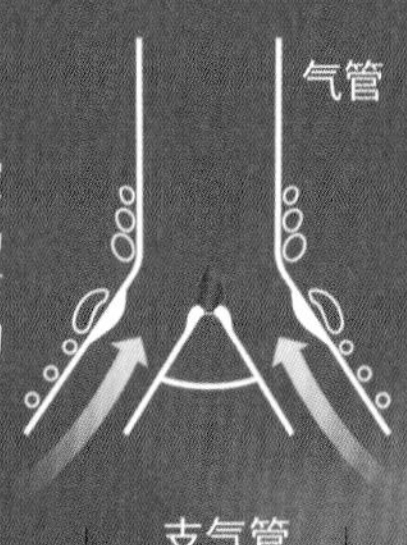


**B 处于闭合状态的鸣膜**
在外鸣肌挤压作用下，两侧鸣膜闭合。支气管略微上升，同时调节鸣膜。

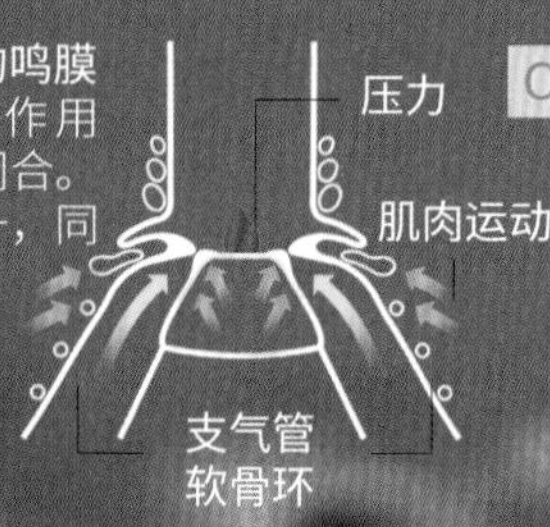


**C 声音**
鸣膜随气流振动，通过气管传播声音，直至声音到达喙部。

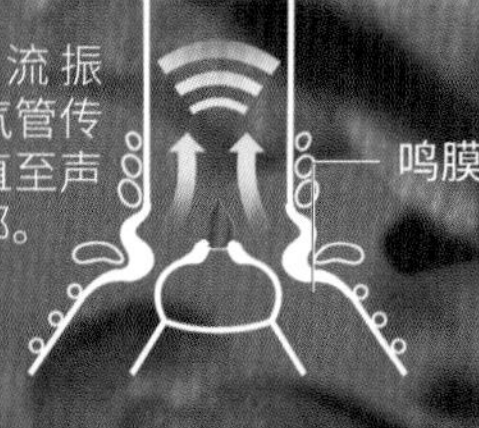

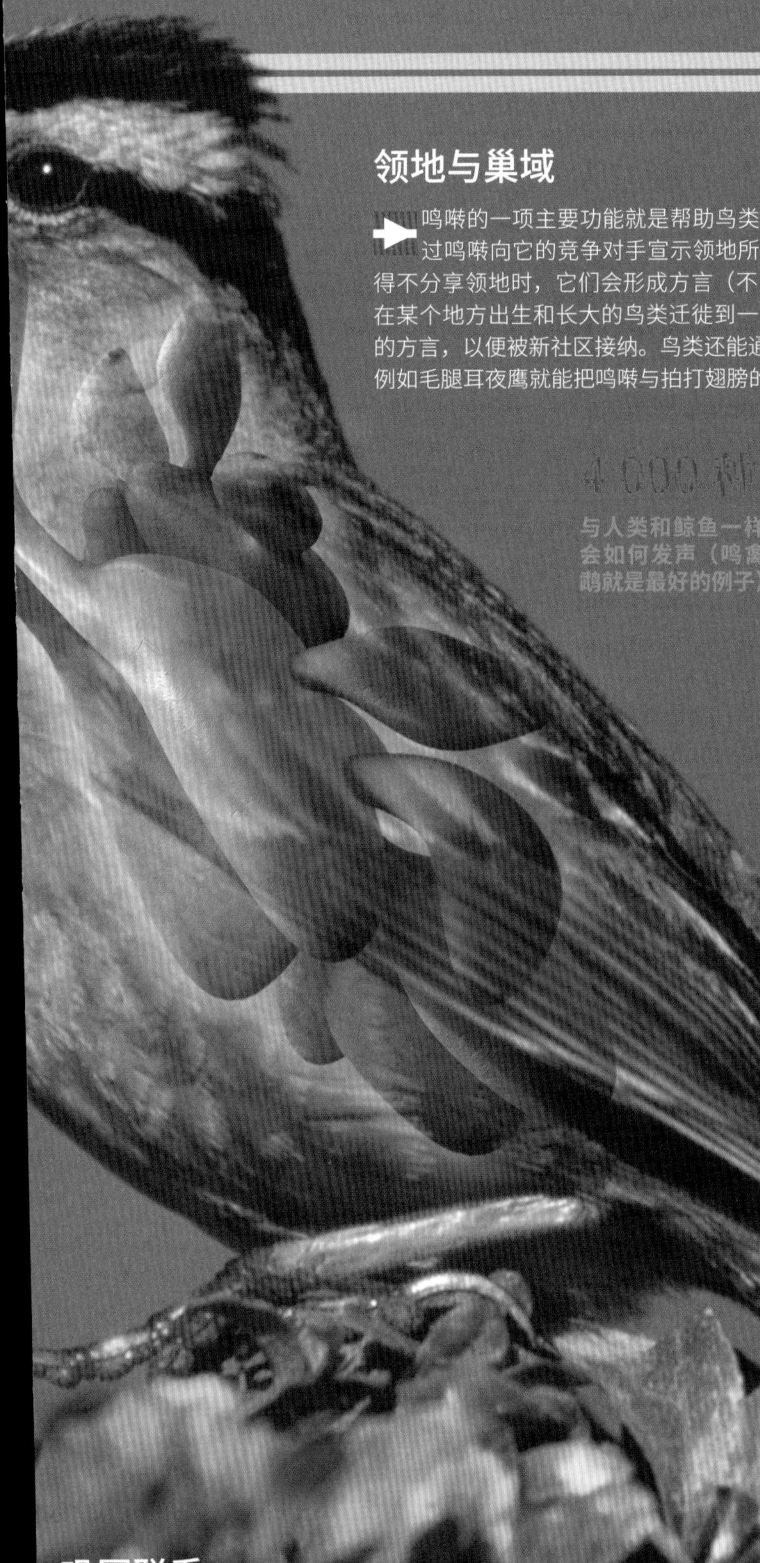

## 领地与巢域

鸣啭的一项主要功能就是帮助鸟类确定领地。当鸟类占领一块领地时，它通过鸣啭向它的竞争对手宣示领地所有权，正如左图鹨的做法。当群居鸟类不得不分享领地时，它们会形成方言（不同种类的鸟产生的不同的声音变化）。当在某个地方出生和长大的鸟类迁徙到一个新的地方时，它们必须学习新家所在地的方言，以便被新社区接纳。鸟类还能通过拍打翅膀、敲击腿部和喙部发出拟声，例如毛腿耳夜鹰就能把鸣啭与拍打翅膀的声音结合起来。

**4 000 种鸟类**

与人类和鲸鱼一样都需要被教会如何发声（鸣禽、蜂鸟和鹦鹉就是最好的例子）。

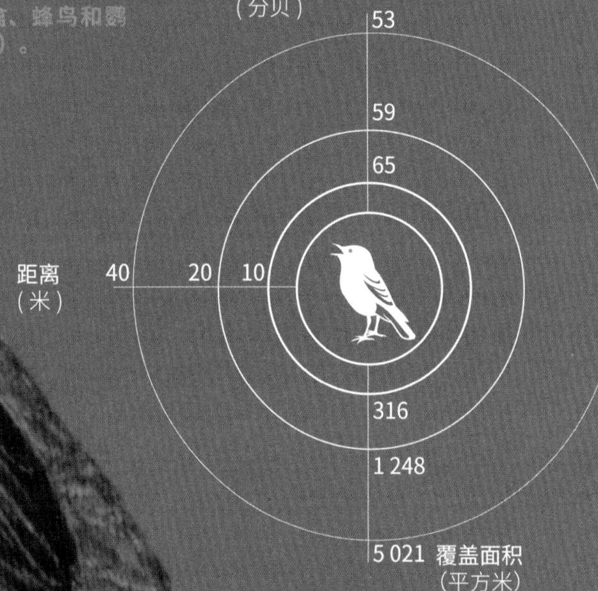


**强度**

不同鸟类的声音强度各不相同。领地越大，声音强度也越大。声音频率也会发生变化，频率越低，覆盖范围越大。

## 巩固联系

有些鸣禽形成了非常复杂的鸣啭习惯。二重奏可能是最具特色的形式，因为它既需要可共享的保留曲目，又要求两只鸟有良好的协调性。通常，雄鸟以重复前奏的方式开始鸣唱，雌鸟以不同乐句应和。乐句可有或多或少的循环变动，以使其独一无二。人们认为此类二重奏既能巩固雄鸟与雌鸟之间的关系（正如领地划界一样），又能刺激雄鸟和雌鸟共同参与筑巢等合作行为。

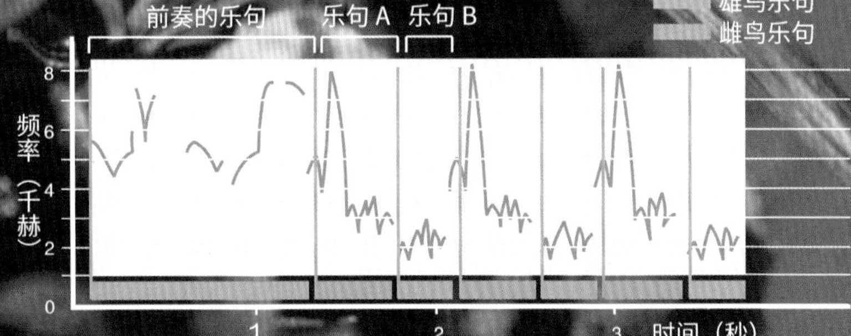

# 求偶与婚礼

对于任何物种而言求偶都绝非易事。而对于鸟类来说，炫耀鲜亮的羽衣、展示精美的作品和礼物、表演动人的舞姿以及煞费苦心的飞行表演是它们在求偶期的一些特殊行为，这些行为被称为“婚礼或求偶表演”。雄鸟采取这些策略用来引起雌鸟注意，并防止雌鸟把注意力转移到其他雄鸟身上。有些求偶仪式极其复杂，有些求偶仪式则非常温馨、精致。

A

当性觉醒达到顶峰时，白尾鹞（*Circus cyaneus*）会采取波状模式飞行以引起雌鸟的注意。

B

在求偶期，雄性白尾鹞会假装攻击雌性白尾鹞。

**情侣共舞**

凤头䴙䴘（*Podiceps cristatus*）会表演令人不可思议的水中舞蹈。它们相互鞠躬，然后潜入水中，再肩并肩地跃出水面。

## 独特的求爱行为

鸟类的求爱行为取决于物种，其表现形式包括各种仪式。群体求偶场仪式是最有趣的求偶形式之一。雄鸟聚集在被称为竞技场的一小块区域，在那里它们向雌鸟开展各自的求爱表演。雌鸟在竞技场周围围成一圈，最终第二性征最为突出的雄鸟能够成功交尾。求偶场仪式是一种由占有绝对优势的雄鸟所控制的交尾制度，最终由它与大部分雌鸟完成交尾（一夫多妻制）。经验不足的雄鸟仅能吸引几只雌鸟进行交尾，有时甚至没有雌鸟与其交尾。对于某些鸟类来说，求偶场仪式有时非常复杂。至少有 85 种鸟类采用这种独特的求爱仪式，如娇鹟、野鸡、伞鸟和蜂鸟等。以娇鹟为例，雄鸟会排队等候表演。

**炫耀身体素质**

为了求偶，雪鹭等鸟类会发出一系列非常复杂的求爱信号，包括鸣唱、展示雄姿、跳舞、飞行表演、制造噪声和炫耀饰羽等。

**建造“爱巢”**

澳大利亚的园丁鸟会修筑一种结构类似亭子的巢，并用纸和织物碎片作装饰，这一举动必然会讨得雌鸟的欢心。

**赠送礼物**

另一种求偶策略就是送礼。雄雕给雌雕送的是猎物，黄喉蜂虎送的是昆虫。这些礼物被称为“示爱食品”。

### 时间安排

求偶表演与繁殖周期直接相关。求偶表演在交尾前进行，有时还能延续到交尾后。

**婚前**
婚前求偶表演从建立领地和寻找配偶开始，两者可以同时发生。

**婚后**
通过求偶表演，凤头䴙䴘确立起它们的配对关系，即使在产卵后也还保持关系。

**1.8 米**
这是雄孔雀为吸引雌孔雀而展开 200 多枚色彩斑斓的扇形尾羽时尾部的长度。

**灰冕鹤**
（*Balearica regulorum*）
两只鹤在表演由一系列令人印象深刻的跳跃动作组成的求偶舞。

**帝企鹅**
（*Aptenodytes forsteri*）
单配偶制物种。通过声音识别彼此，一生只有一个伴侣。

## 单配偶制或多配偶制

在鸟类中，单配偶制（一夫一妻制）最为常见。一只雄鸟与一只雌鸟配成一对，它们结伴的时长可能持续一个繁殖季节，也可能维持终生。多配偶制是一种替换模式，但是却不常见。多配偶制又分为两种：一雄多雌型（一夫多妻制），雄性可与几只雌性交尾；一雌多雄型（一妻多夫制），雌性可与几只雄性交尾，它们甚至可以一起组成一个家庭。无论哪种类型，都会有一名伴侣担负孵卵育雏之责。多配偶制还有一种特殊情况：杂交型，是指雄性和雌性不结成伴侣，彼此之间的关系仅限于交尾。

# 甜蜜的家

大部分鸟类在巢中产卵，卵由其中一只成年鸟蹲伏其上通过体温孵化。雌鸟和雄鸟通常用泥土混合唾液、小石子、树枝和羽毛来筑巢。当鸟巢处在可见的位置时，鸟类会用地衣或零散的小树枝伪装巢穴，不让捕食者发现。鸟巢的形状因类群而异，可以呈碗形，也可以是在树上凿的洞（啄木鸟），或是在沙坡或土坡上挖掘的洞穴。有的鸟甚至利用其他鸟类的巢穴筑巢。

各式各样的巢

**编织成的巢**
织布鸟把草叶编结在一起，直到编织成巢。入口隐藏在巢的下面。

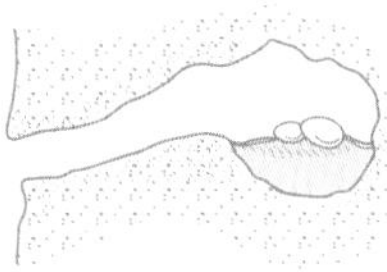

**挖掘出的巢**
鹦鹉和翠鸟在铺满沙子的河岸挖洞为巢。

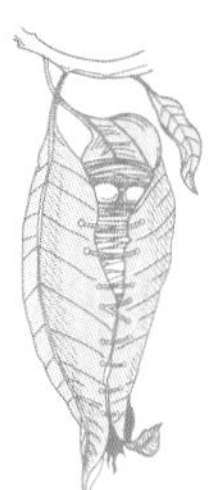

**缝制的巢**
缝叶莺用草茎把两片大型植物的叶片缝合起来，在内部建巢。

**平台式的巢**
雀鹰收集大量树枝，并将其组装成一个高而结实的底座，在里面产卵及孵卵。

## 类型和位置

鸟巢可以按其样式、材料和位置来分类。鸟巢也根据鸟类所需的保暖度及防护等级的不同而有所不同。来自天敌的压力越大，巢就必须筑得越高越隐蔽。类似于高台的孤立的巢和筑在土壤深陷处或树干隐蔽处的巢就是很好的例子，这样的巢非常安全并具备良好的保温性能。还有用黏土堆筑的巢，它们非常结实。最典型的鸟巢呈杯状，可见于不同的处所，常常筑在 2 或 3 根高且偏远的树枝之间。

# 如何筑巢

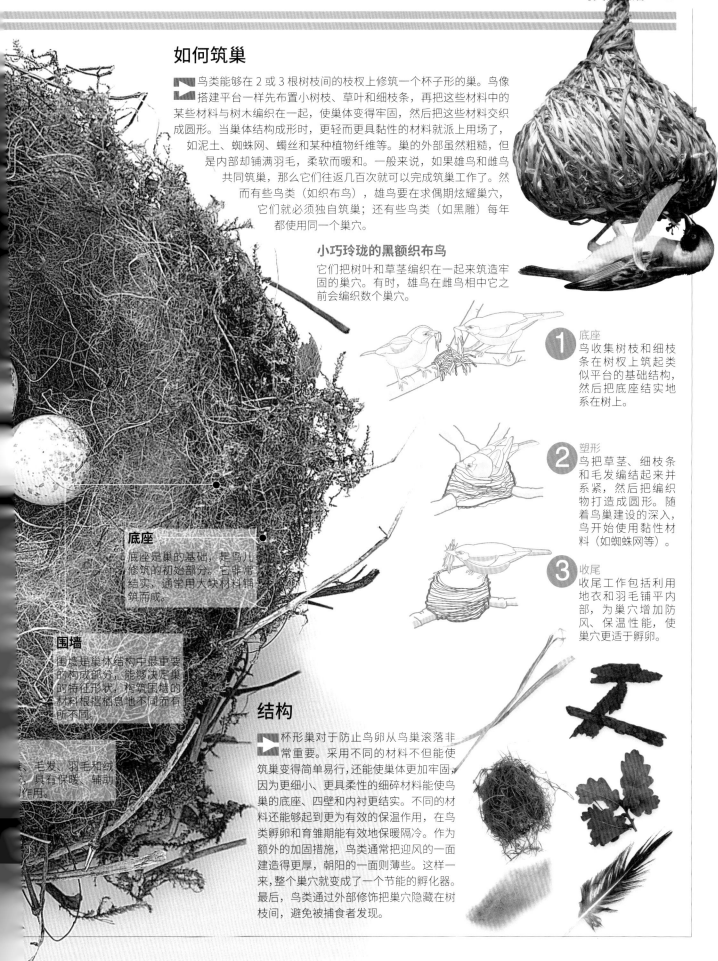

鸟类能够在 2 或 3 根树枝间的枝杈上修筑一个杯子形的巢。鸟像搭建平台一样先布置小树枝、草叶和细枝条，再把这些材料中的某些材料与树木编织在一起，使巢体变得牢固，然后把这些材料交织成圆形。当巢体结构成形时，更轻而更具黏性的材料就派上用场了，如泥土、蜘蛛网、蠋丝和某种植物纤维等。巢的外部虽然粗糙，但是内部却铺满羽毛，柔软而暖和。一般来说，如果雄鸟和雌鸟共同筑巢，那么它们往返几百次就可以完成筑巢工作了。然而有些鸟类（如织布鸟），雄鸟要在求偶期炫耀巢穴，它们就必须独自筑巢；还有些鸟类（如黑雕）每年都使用同一个巢穴。

底座
底座是巢的基础，是鸟儿修筑的初始部分。它非常结实，通常用大块材料铺筑而成。
围墙
围墙是巢体结构中最重要的构成部分，能够决定巢的特征形状，构筑围墙的材料根据栖息地不同而有所不同。
毛发、羽毛和绒
具有保暖、辅助
作用。

**小巧玲珑的黑额织布鸟**

它们把树叶和草茎编织在一起来筑造牢固的巢穴。有时，雄鸟在雌鸟相中它之前会编织数个巢穴。

1 底座
鸟收集树枝和细枝条在树杈上筑起类似平台的基础结构，然后把底座结实地系在树上。

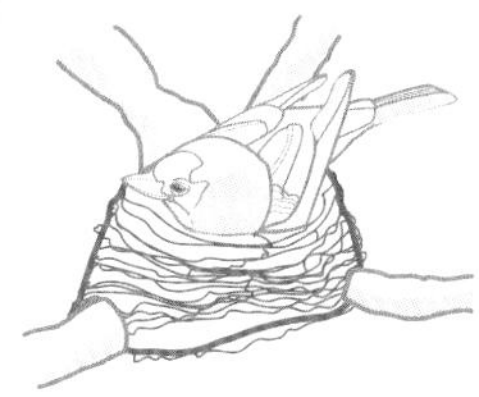

2 塑形
鸟把草茎、细枝条和毛发编结起来并系紧，然后把编织物打造成圆形。随着鸟巢建设的深入，鸟开始使用黏性材料（如蜘蛛网等）。

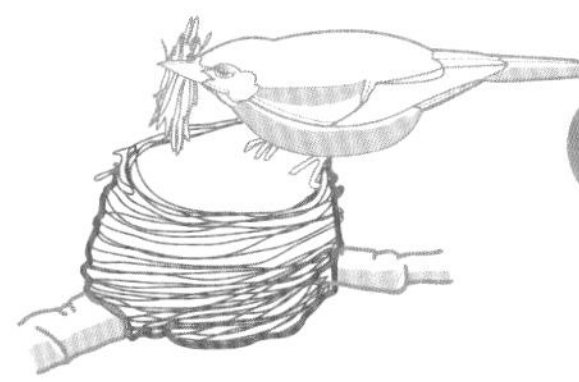

3 收尾
收尾工作包括利用地衣和羽毛铺平内部，为巢穴增加防风、保温性能，使巢穴更适于孵卵。

## 结构

杯形巢对于防止鸟卵从鸟巢滚落非常重要。采用不同的材料不但能使筑巢变得简单易行，还能使巢体更加牢固，因为更细小、更具柔性的细碎材料能使鸟巢的底座、四壁和内衬更结实。不同的材料还能够起到更为有效的保温作用，在鸟类孵卵和育雏期能有效地保暖隔冷。作为额外的加固措施，鸟类通常把迎风的一面建造得更厚，朝阳的一面则薄些。这样一来，整个巢穴就变成了一个节能的孵化器。最后，鸟类通过外部修饰把巢穴隐藏在树枝间，避免被捕食者发现。

# 起点，卵

鸟类的繁殖方式可能是从它们的祖先兽脚亚目爬行动物那里继承来的。通常，鸟类会根据自身抚育雏鸟的能力产下尽可能多的卵（蛋）。出于对环境的高度适应，即使是同一种鸟类的卵也会具有不同的形状和颜色，这些变化能够保护鸟卵不被捕食者发现。鸟卵的大小各异，非洲鸵鸟卵的大小是蜂鸟卵的 2 000 倍。

3 鸟类的大部分器官都在孵化的最初几个小时内形成。

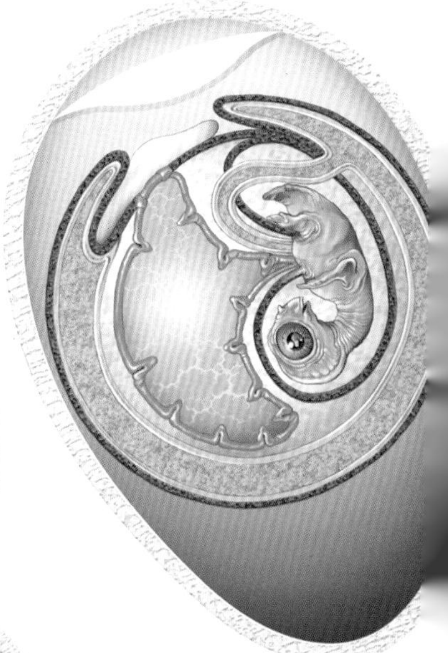

## 卵是如何形成的

大多数鸟类只具有一个功能性卵巢，即左侧的卵巢，它在交配季节迅速发育。卵子会下行并形成我们所知的未受精卵（用于烹饪的蛋）。卵一旦受精，胚胎就开始发育。卵子无论受精与否都会在几个小时或几天内下行至泄殖腔。钙质分泌使得卵壳开始在峡部形成。卵壳起初很柔软，与空气接触后变硬。

2 胚胎通过吸收营养开始发育，它产生的废物都保存在一个特殊的囊中。

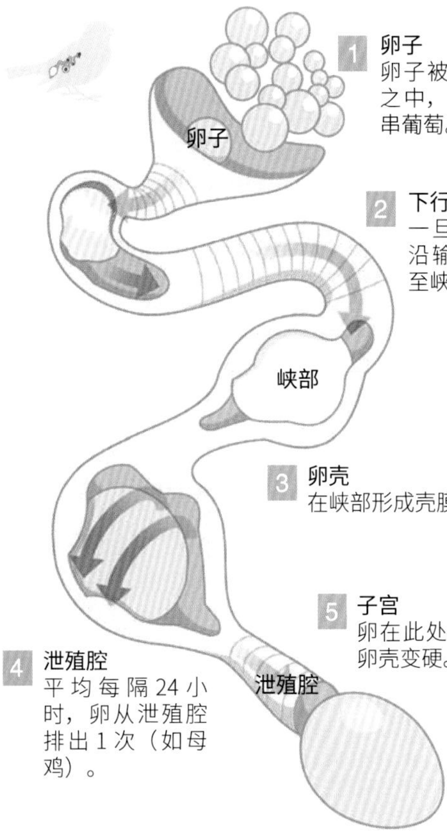


1 卵子
卵子被包裹于卵泡之中，形状犹如一串葡萄。

2 下行
一旦受精，卵子便沿输卵管下行，直至峡部。

3 卵壳
在峡部形成壳膜。

4 泄殖腔
平均每隔 24 小时，卵从泄殖腔排出 1 次（如母鸡）。

5 子宫
卵在此处着色，卵壳变硬。

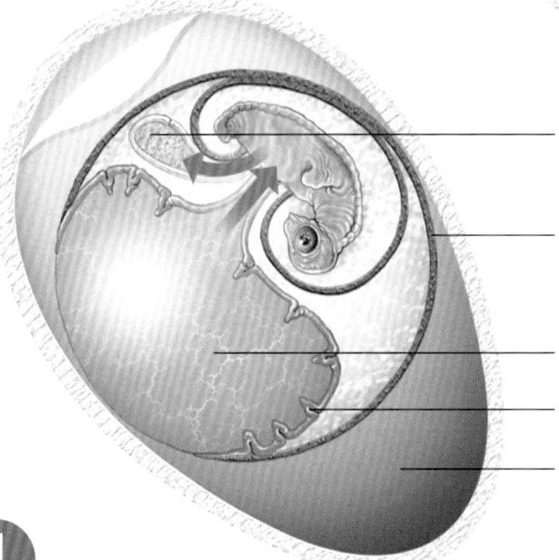


1 卵内卵黄的一侧含有胚胎。蛋白质系带把卵黄固定在卵白（白蛋白）中间，把卵黄与外界隔离开。

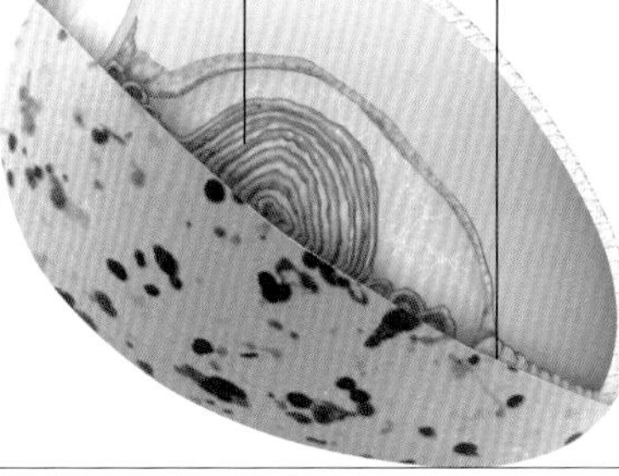


### 形状

卵的形状取决于输卵管壁所施加的压力。卵较大的一头先出来。

椭圆形：最常见　圆锥形：防止跌落　球形：减少表面

### 颜色和质地

卵独特的颜色和质地能够帮助亲鸟认出自己的卵。

浅颜色的卵　深颜色的卵　有斑点的

### 产卵

一次性产下一窝卵的过程被称为产卵。在交配季节，麻雀能产卵数次。如果有些卵被移走了，麻雀能毫不费力地用新的卵补上。

气室

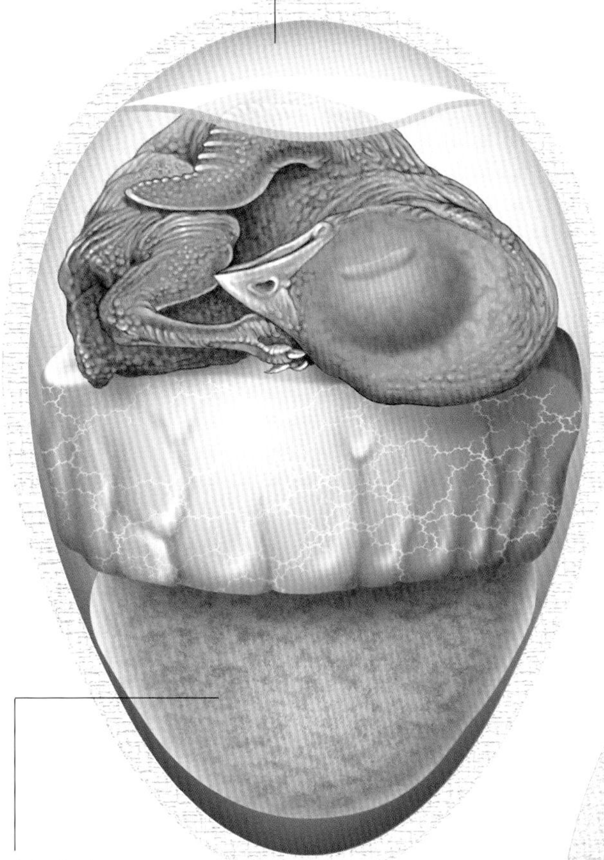

卵黄与卵白

体积减小。

4

喙和腿部鳞片在最后阶段变硬，此时雏鸟已经成型，并达到与卵相似的大小。与此同时，胚胎发生转动以保证雏鸟位于适合破壳的位置。

**大小**

鸟类的体型和其卵的大小没有确定的比例。



500 克

几维鸟的卵

60 克

母鸡的卵

5

当雏鸟准备破壳时，它的身体几乎会占据卵内所有空间。雏鸟用腿紧紧抵住胸部，这使它通过很小的动作就能用喙部顶端的角质突起（被称为卵齿）戳破卵壳。

**卵壳**

由一层结实的碳酸钙（方解石）形成，卵壳上具有能让雏鸟在卵内呼吸的气孔。覆盖在卵壳内层和外层的两层壳膜把细菌隔绝在外部。

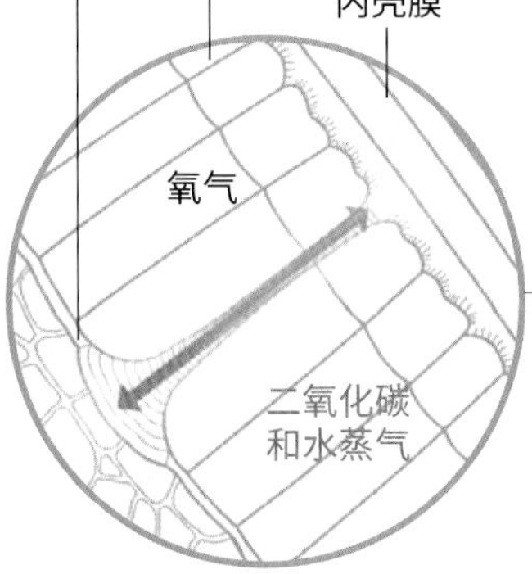


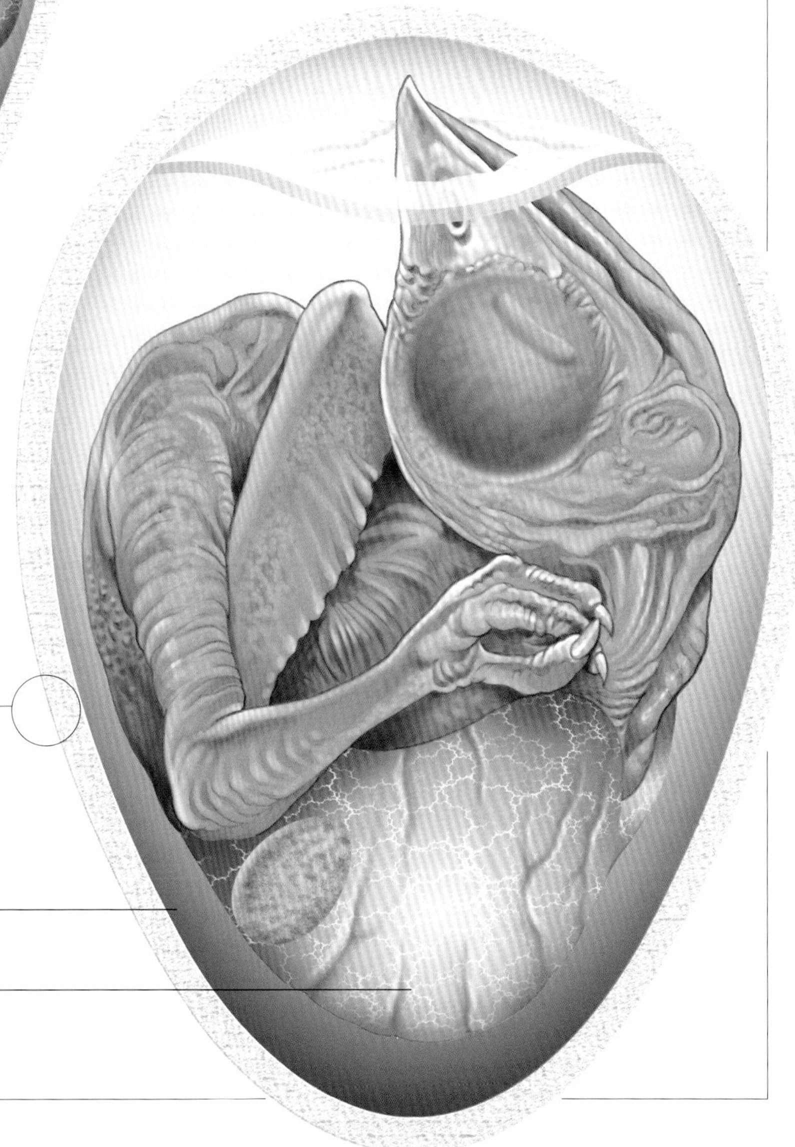

**白蛋白**

已被消耗。

**卵黄**

消失于体内。

卵壳占整个卵体积的比例为

8%。

# 诞 生

破壳前，雏鸟先在卵壳内制造外界可以听到的声响。通过这种声响，雏鸟能够与亲鸟交流。随后雏鸟开始用它的小卵齿轻啄蛋壳，这颗卵齿在出生后即会掉落。然后，雏鸟在卵内翻转身体，通过新啄的孔在卵壳上打开一条裂缝，同时用颈部和双腿向壳外推挤，直至头部成功伸出卵壳外。破壳需要巨大的努力，而且可能要花费 30~40 分钟时间。如果是几维鸟和信天翁，破壳则需要 3~4 天。对于大部分鸟类来说，新孵出的雏鸟虽然看不见东西而且皮肤光滑无毛，但是却能张开喙接受亲鸟喂食。

### 孵化

胚胎的发育需要在 37~38°C的恒定温度下进行。亲鸟通过伏在卵上、利用孵卵斑温暖它们来保持温度。

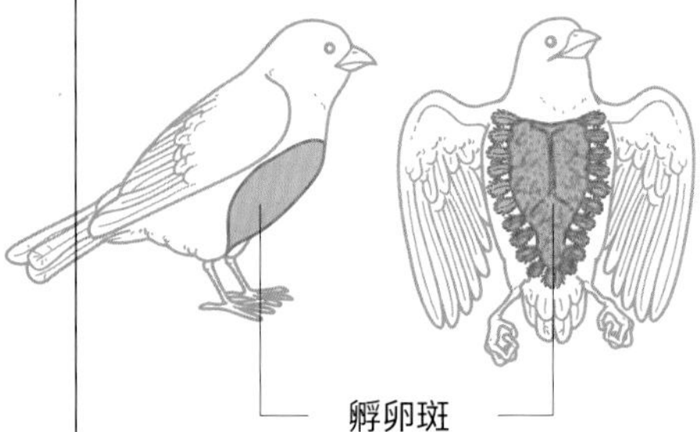


在孵化过程中，有些鸟类在该区域的胸部羽毛会脱落，血管数量会增加；还有一些鸟类则会拔掉自己的羽毛，与卵直接接触来保持卵的温度。

### 不同鸟类的孵化期

孵化期差异很大，根据种类的不同，可在 10~80 天之间。

鸽子
雌鸟和雄鸟共同孵化，它们都有孵卵斑。

**18 天**

企鹅
雄鸟和雌鸟共同孵化。雄性帝企鹅有一个用于孵化的特殊育儿袋。

**62 天**

信天翁
虽然没有孵卵斑，雌鸟和雄鸟用双腹部抱住卵来孵化

**80 天**

## 破壳的过程

根据鸟种类的不同，破壳过程可能只需要几分钟也可能长达 3~4 天。一般而言，亲鸟不会干预或帮助雏鸟破壳。当雏鸟破壳而出后，亲鸟会把空卵壳扔出巢外，这是为了避免空卵壳引起捕食者的注意。对于那些在破壳时就已经长有羽毛的鸟类而言，破壳尤为重要。据观察，雏鸟的鸣唱能够激励尚未破壳的雏鸟，并让先破壳的雏鸟放慢速度。所有雏鸟能同时离巢是很重要的事。

麻雀破壳而出所需的时间约为
**35 分钟。**

### 1 卵上的裂缝

雏鸟在卵内转动身体，直到它的喙瞄准卵的中线，接着用喙刺穿气室。几经努力后，雏鸟戳破卵壳，随后它将第一次呼吸到卵壳外的新鲜空气。

### 寻求帮助

雏鸟在卵壳内呼唤亲鸟，亲鸟的回应会鼓励雏鸟继续努力。

### 连续啄咬

每进行一次连续啄咬后，雏鸟都必须休息一会儿。

## 对破壳的适应

破壳是一项复杂的活动，因为空间有限，而且雏鸟的肌肉缺乏力量。鸟类依靠一些适应性变化（例如卵齿和破卵肌）来完成这项艰巨的任务。卵齿用来戳出第一个齿孔，让空气流入卵内。破卵肌运用必要的力量，刺激雏鸟的运动机能去加大力度。在卵壳破碎不久后，卵齿和破卵肌就全都消失了。

**破卵肌**

破卵肌向卵壳施加压力，帮助雏鸟打破卵壳。

**卵齿**

卵齿是位于喙部的一个能够刺穿卵壳的突起。雏鸟是否具有卵齿取决于它们的种类。

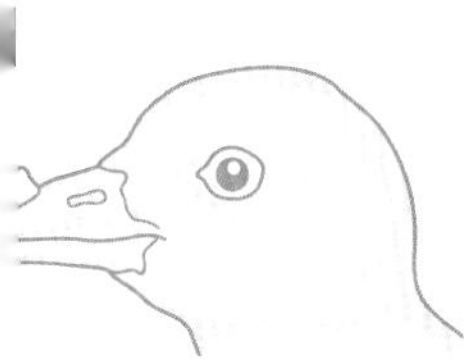

### 4

**雏鸟诞生**

破卵而出后，雏鸟会向亲鸟寻求温暖和食物。对于那些破壳时没有羽毛的鸟类来说，并非所有的卵都同时孵化。如果食物稀少，那么先孵出的雏鸟将有机会占有更多食物。

**巨大的努力**

破卵而出需要雏鸟耗费很大气力。

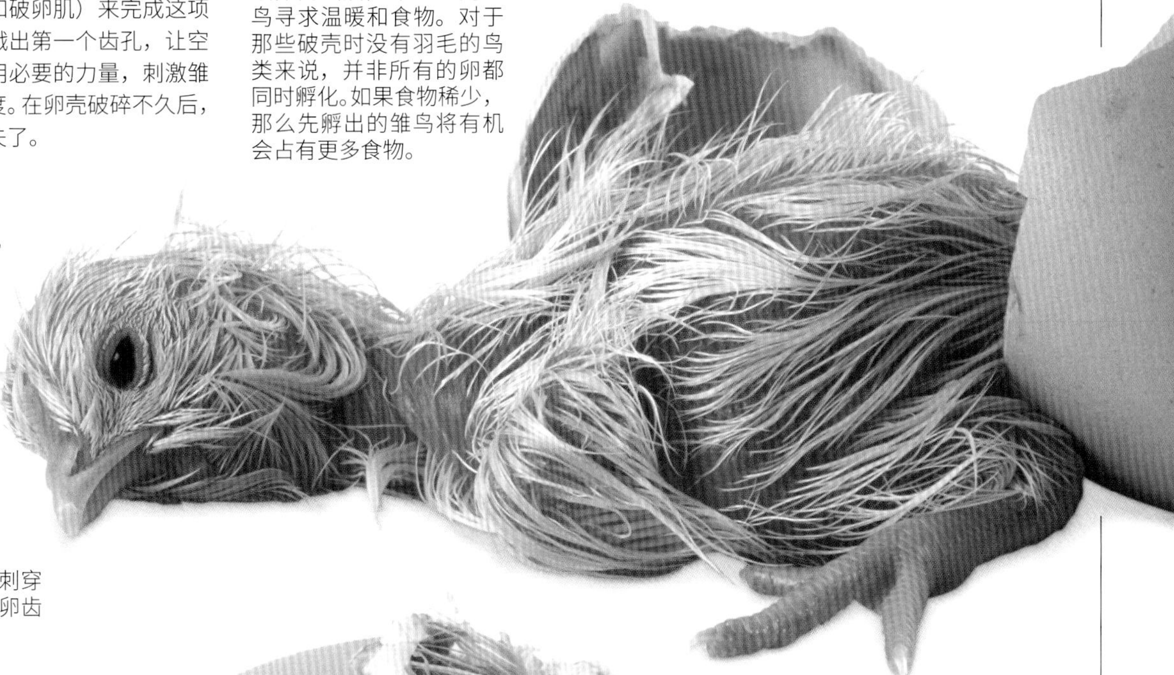

### 3

**破卵而出**

一旦卵壳打开，雏鸟先用双腿把身体从卵内推挤出来，而后用腹部移动，爬出卵壳。对于那些破壳时没有羽毛的鸟类而言，因为它们尚未发育完全，这一过程更为困难。

### 2

**裂缝扩大**

在卵壳上戳出一个洞后，雏鸟通过连续啄咬其他点来打开一条裂缝。随着空气流入卵中，壳膜变干，这让破壳任务变得更加容易。

**哪部分先破卵而出?**

通常头部先破卵而出，因为锋利的喙能够帮助雏鸟啄破卵壳。先伸出头部后，大部分鸟类用双腿把身体推挤出来。而涉禽和其他陆禽通常先把翅膀舒展开来。

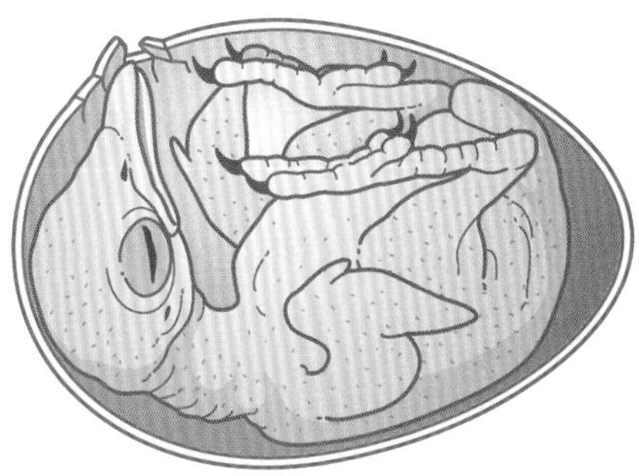

# 发 育

不同种类的幼鸟在孵化后的发育速度有很大差异。离巢鸟类生来就能睁开双眼并长有一层厚厚的绒羽，也能自己觅食。例如野鸭、美洲鸵鸟、非洲鸵鸟以及某些涉禽，它们刚出生就能够行走和游泳。巢栖鸟类刚出生时皮肤裸露，之后才渐渐长出羽毛。在它们充分发育前，幼鸟要一直留在巢穴里，由亲鸟照料。自立能力最低的雏鸟当属鸣禽和蜂鸟的幼鸟，因为它们需要亲鸟的体温保暖才能健康成长。

## 离巢幼鸟

离巢幼鸟在出生的时候，身体就已经发育完全了。它们能够自己行动，甚至能够离开巢穴，这也是它们被称为离巢鸟类的原因。这种适应性变化要求较长的孵化时间，因此雏鸟在破壳时就几乎发育完全了。以暗色塚雉（*Megapodius freycinet*）为例，雏鸟一离开卵壳，就开始在壳外的世界独立生活了。小鸭子虽然跟随在双亲身旁，却能够独立觅食，而小鸡也跟随在双亲身边，因为双亲会指引它们找到食物。

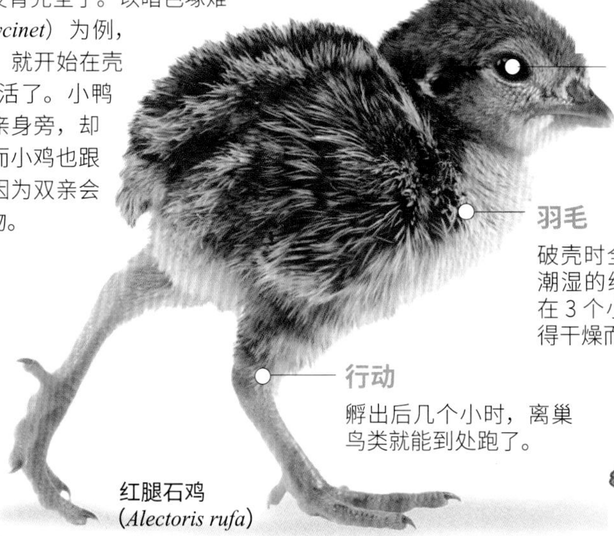

**眼睛**
它们生来就能睁开眼睛。

**羽毛**
破壳时全身覆盖着潮湿的绒羽。绒羽在 3 个小时内就变得干燥而蓬松。

**行动**
孵出后几个小时，离巢鸟类就能到处跑了。

红腿石鸡
(*Alectoris rufa*)

### 生长阶段

**30 小时**
雏鸟利用被覆全身的绒羽保暖。雏鸟能够行走并开始接受亲鸟喂食。

**7~8 天**
雏鸟成长速度加快，第一枚覆羽在翼尖处长出。雏鸟离开巢穴。

饮食结构：
66% 为无脊椎动物，
其余为植物种子和花朵。

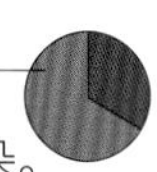

**15 天**
雏鸟开始进行短距离飞行并转变饮食结构：

66%
为植物种
子和花朵，
其余为无脊椎动物。

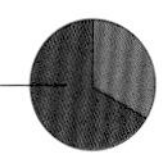

**21 天**
已经可以将它视为成鸟。它能进行较长距离飞行。此时的饮食结构：97% 为植物，其余为地衣类和昆虫。

**24 小时**
这是黑头鸭雏鸟所需的最短飞行准备时间。

### 大小比较

| 离巢鸟类 | 巢栖鸟类 |
| --- | --- |
| 卵较大，雏鸟孵出时发育得更为充分。与巢栖鸟类相比，离巢鸟类的孵化期更长。 | 卵小，孵化期短，雏鸟刚出生时无自立能力。 |

## 留巢幼鸟

大部分留巢幼鸟生来没有羽毛，眼睛也无法睁开，仅有力气破卵而出。雏鸟栖息在巢穴中。孵出后的最初几天，雏鸟甚至不能调节自己的体温，需要亲鸟为它们保暖。孵出后1周内，雏鸟虽然长出几枚羽毛，但是仍需要亲鸟持续照料和喂食。这种鸟类以雀形目为主，数量庞大。

**食物**

留巢幼鸟生长发育需要大量食物。亲鸟必须一天24小时喂它们食物。

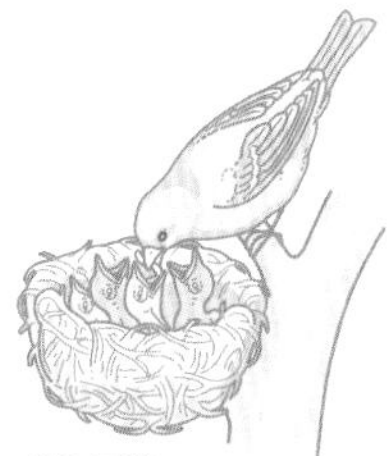

家麻雀
(*Passer domesticus*)

成鸟给雏鸟喂食的频率可高达

**400次/天。**

**喙的内部**

喙内部颜色明亮，以刺激亲鸟反刍食物。

**发光的区域**

有些鸟类喙的内部具有可发光的区域，在黑暗中仍然可见。

**眼睛**

雏鸟出生时眼睛看不见东西，孵出几天后，它们才能睁开眼睛。

**羽毛**

雏鸟出生时没有羽毛，或仅在某些区域长有绒羽。

### 生长阶段

**25小时**

雏鸟能进行几种本能活动，包括抬起头部讨食。

**4天**

雏鸟能睁开眼睛。首批羽毛的顶尖出现，雏鸟可进行几种活动。

**6天**

一些羽毛开始展露开来，趾甲已形成，翅膀开始随身体发育而生长，雏鸟能够站起来。

**8天**

除了眼部周围，羽毛几乎覆盖全身。腿部发育良好，麻雀能够在巢内到处走动。

**10天**

羽毛虽然覆盖全身，但是发育尚未完成。雏鸟能够自己保暖，并且非常贪吃，成长非常迅速。

**12~15天**

生长发育完成，覆羽已为飞行做好准备。对于小鸟来说。接下来就是等待自己长成成鸟。

**12~15天**

这是巢栖雏鸟离巢所需的大致时间。

# 飞行饮食

大部分鸟类吃的食物都富含各种能量和蛋白质，因为飞行消耗很大，所以它们几乎需要不停地找食吃。鸟类的食物来源也多种多样，包括植物的种子、果实、花蜜、叶片、昆虫、其他无脊椎动物以及各种肉类（包括腐肉）。很多鸟类并不只吃一种食物，有些鸟类甚至根据季节和迁徙周期的交替而食用不同的食物，这可以保证它们的生存。但是，有少数鸟类只吃一种食物，且没有别的鸟类与它们竞争这种食物。它们对单一食物来源的依赖越强，生存风险就越高。鸟的种类不同，摄食行为也不同，有些鸟类单独摄食，有些鸟类则成群结队地摄食。

## 复杂的过滤系统

以咸水中的微生物为食的鸟类需要复杂的过滤系统。火烈鸟的喙特别适合过滤，它们的舌和喉可以像水泵一样抽水，当舌和喉上下移动时，它们通过类似于鲸须的角质薄片滤取水中的微生物。火烈鸟的舌也有一处凹槽，可以收集随水流进入嘴里的石子和沉积物。整个过滤过程要求火烈鸟把喙部以上端朝下的方式潜入水中。因为需要摄取大量的微小生物，并需要时间去过滤，所以火烈鸟通常会在水中停留很长时间。火烈鸟从不单独摄食，因为群体摄食能够降低它们在摄食活动中的风险。火烈鸟偶尔也会有攻击性行为，可能是领地冲突导致的。

### 过滤食物

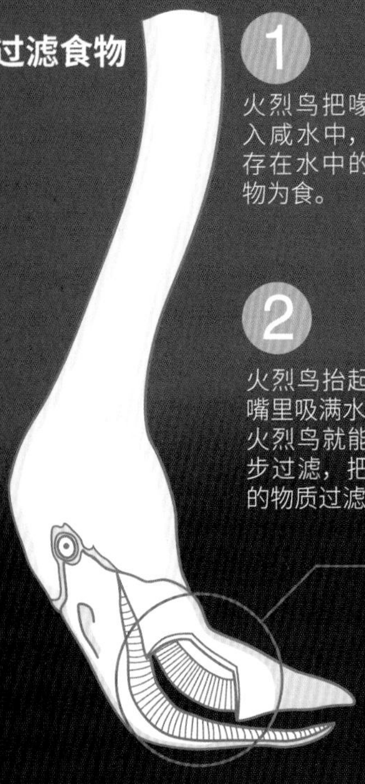

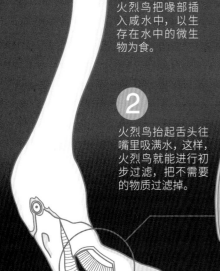

1 火烈鸟把喙部插入咸水中，以生存在水中的微生物为食。

2 火烈鸟抬起舌头往嘴里吸满水，这样，火烈鸟就能进行初步过滤，把不需要的物质过滤掉。

3 当水从嘴里排出时，进行二次过滤。角质薄片（小过滤板）会滤出微小生物，而让水和其他物质通过。

### 喙部横截面

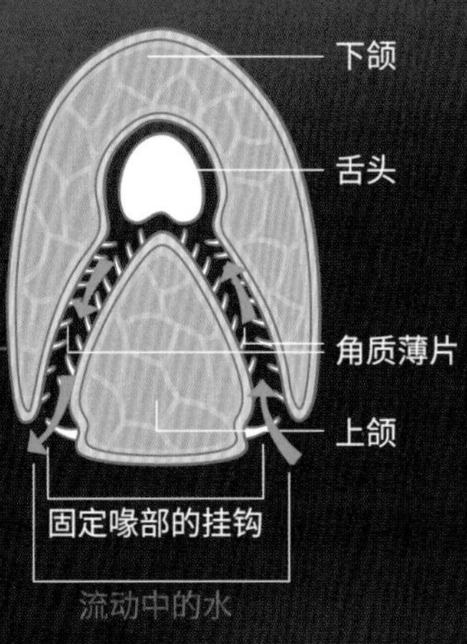


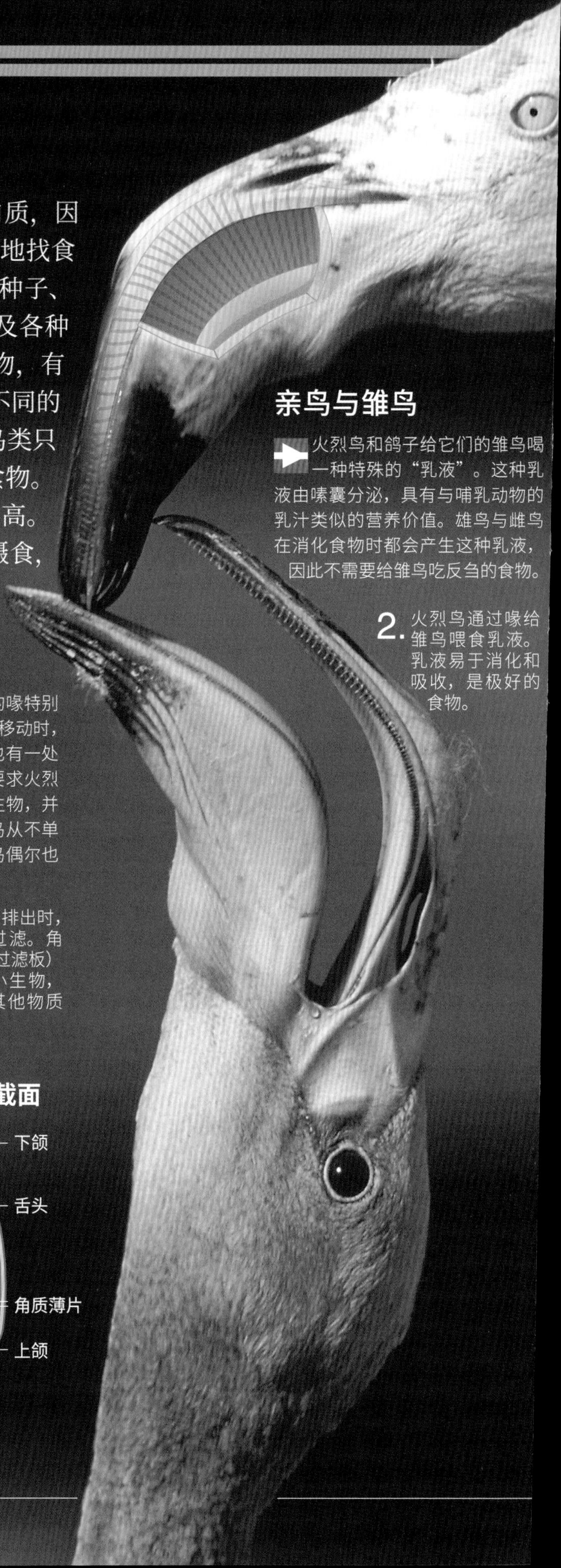

## 亲鸟与雏鸟

火烈鸟和鸽子给它们的雏鸟喝一种特殊的“乳液”。这种乳液由嗉囊分泌，具有与哺乳动物的乳汁类似的营养价值。雄鸟与雌鸟在消化食物时都会产生这种乳液，因此不需要给雏鸟吃反刍的食物。

2. 火烈鸟通过喙给雏鸟喂食乳液。乳液易于消化和吸收，是极好的食物。

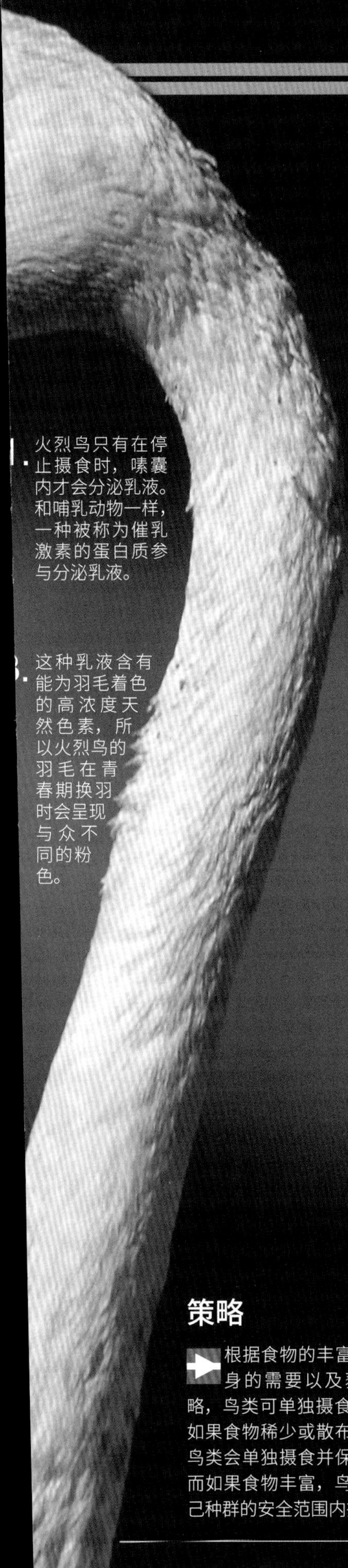

1. 火烈鸟只有在停止摄食时，嗉囊内才会分泌乳液。和哺乳动物一样，一种被称为催乳激素的蛋白质参与分泌乳液。

3. 这种乳液含有能为羽毛着色的高浓度天然色素，所以火烈鸟的羽毛在青春期换羽时会呈现与众不同的粉色。

## 食物的种类

鸟类消耗大量的能量，所以它们的饮食必须适应其高代谢率。虽然有些鸟类的饮食非常特殊，但大多数鸟类几乎什么都吃。鸟类并不能总是找到同一种食物，这是大部分鸟类一年四季调整饮食结构的原因。

### 蜂鸟的舌头

长长的分叉或管状的舌头能够伸到花冠底部吸吮花蜜或捕捉昆虫。

突出的舌尖，呈刷子形。

### 花蜜

花蜜是花朵分泌的一种由糖和水混合而成的溶液，具有非常高的能量且易于消化。为了能吸食花蜜，鸟必须具有长而尖的喙。在温带地区，花朵在春、夏两季分泌大量花蜜，而在热带地区，花朵一年四季都能分泌花蜜。蜂鸟和旋蜜雀非常喜欢吸食花蜜。

**种子和谷物**

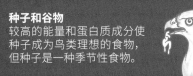

较高的能量和蛋白质成分使种子成为鸟类理想的食物，但种子是一种季节性食物。

**肉类**

猛禽和食腐性鸟类以肉类为食。这种鸟类很少专以一种猎物为食，而是根据猎物的大小来决定其选择。

**鱼类**

一年四季都很丰富的鱼类是海洋鸟类最喜欢的食物之一。鱼类具有非常高的营养价值。

**树叶和植物**

因为树叶能量低，很少有鸟类仅以树叶为食。但经过适应性变化的鸟类能够消化植物纤维素。

**果实**

在热带地区，果实是非常常见的鸟类的食物，因为它们在一年四季都很丰富。在温带和寒带地区，夏季果实也很丰富。果实具有很高的能量，因此很多鸟类都喜食果实。

**昆虫**

昆虫富含能量和蛋白质，而且数量极其丰富，因此，很多鸟类都喜食昆虫。在寒冷地区，只有在夏季才有昆虫。

## 策略

根据食物的丰富程度、鸟类自身的需要以及获得食物的策略，鸟类可单独摄食或成群摄食。如果食物稀少或散布在某一地区，鸟类会单独摄食并保卫它的领地。而如果食物丰富，鸟类更喜欢在自己种群的安全范围内摄食。

### 单独摄食

猛禽类，例如鹰和猫头鹰，通常单独猎食，因为食物稀少且分布无规律。单独捕猎的一个缺点就是在捕猎的同时必须要密切注意自己的天敌，而这会浪费捕猎的时间。

### 成群摄食

这是如鹈鹕和海鸥等海洋鸟类以及如火烈鸟等水禽鸟类的典型摄食行为。当鸟类成群摄食时，群中每个成员都能警告其他成员可能出现的危险，这对摄食安全非常有益。

# 迁徙路线

## 行为

为了生存，世界各地的数百万只鸟类每年秋天都会开始迁徙的旅程，以寻找更适合生存的气候。迁徙是其他动物与鸟类共有的一种本能行为，是它们在经历了漫长的进化过程后才具有的行为。有些鸟类艰苦飞越山脉达数千千米；有些鸟类沿着江河的流向不停歇地飞行，直至到达目的地；还有些鸟类在短途飞行后便着陆。一般而言，鸟类经历的生理变化与迁徙距离有关，有些鸟类甚至会在迁徙过程中减少几乎一半的体重。虽然有些候鸟并不总是精确地按照固定路线迁徙，但迁徙的路线大体上是固定的。地图上标注的颜色表示最重要的迁徙路线。鸟类的迁徙行为分为集体迁徙和个体迁徙。迁徙可以在白天进行，也可以在夜晚进行。令人惊奇的是鸟类的迁徙速度。据研究，信鸽和白冠带鹀一天之内能够飞行 1 000 多千米。涉禽，例如塍鹬和杓鹬，属于飞行距离最远的鸟类，同时也是迁徙路线最固定的鸟类。

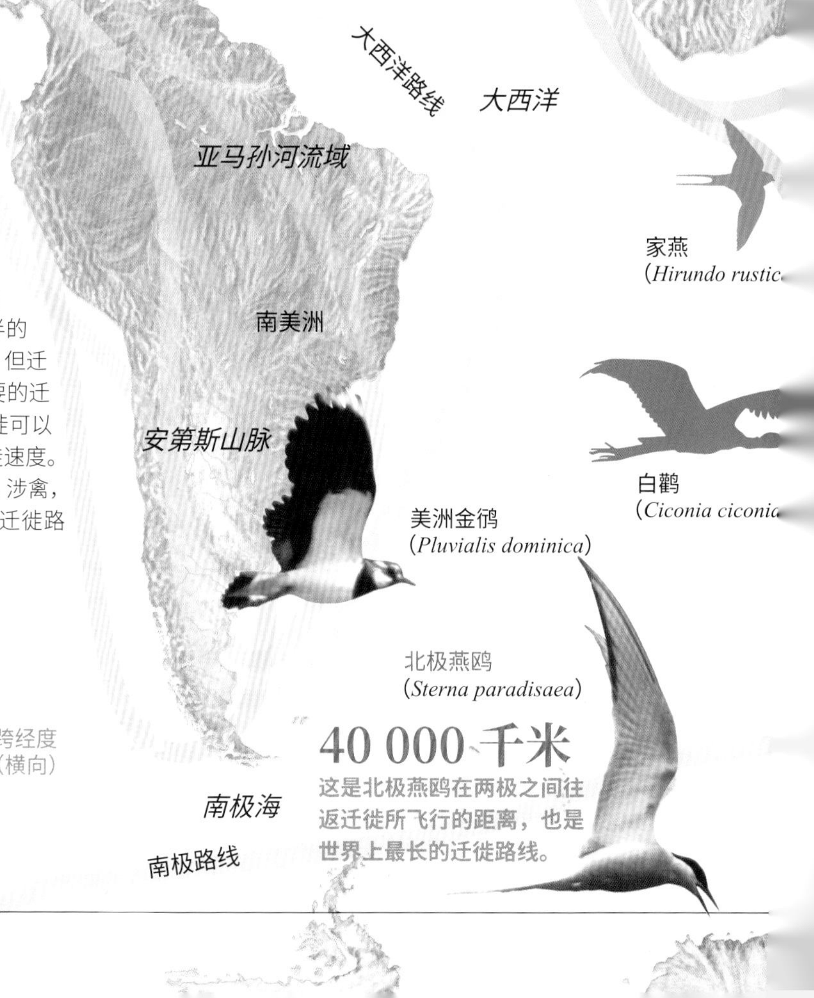


### 迁徙类型

第一种类型是很多鸟类都采用的南北方向的迁徙，被称为跨纬度（纵向）迁徙；第二种类型是东西方向的迁徙，被称为跨经度（横向）迁徙；最后一种类型被称为垂直迁徙，那些根据季节变化从山上转移到山下，或从山下转移到山上的鸟类采用的就是垂直迁徙。

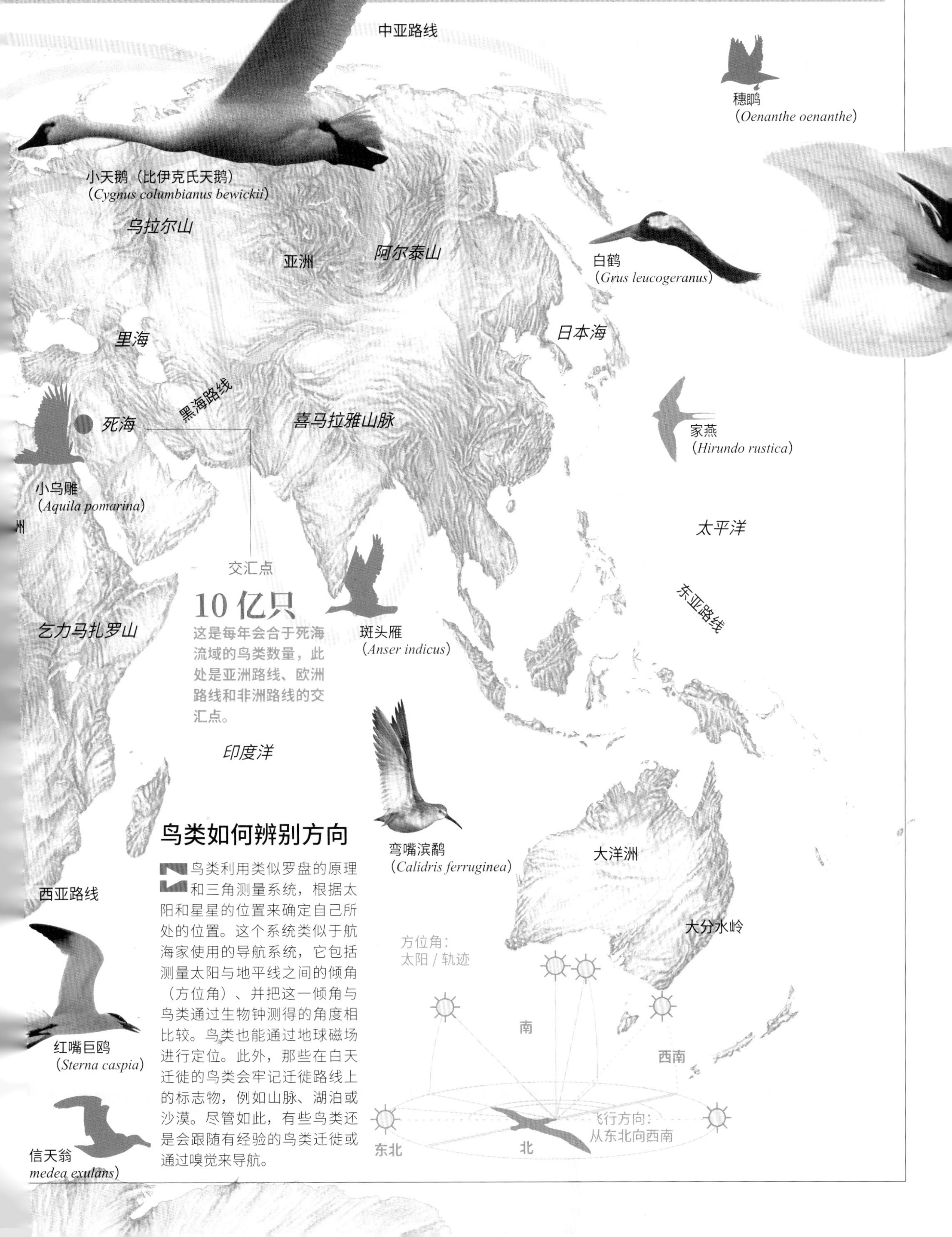


## 10 亿只

这是每年会合于死海流域的鸟类数量，此处是亚洲路线、欧洲路线和非洲路线的交汇点。

## 鸟类如何辨别方向

鸟类利用类似罗盘的原理和三角测量系统，根据太阳和星星的位置来确定自己所处的位置。这个系统类似于航海家使用的导航系统，它包括测量太阳与地平线之间的倾角（方位角）、并把这一倾角与鸟类通过生物钟测得的角度相比较。鸟类也能通过地球磁场进行定位。此外，那些在白天迁徙的鸟类会牢记迁徙路线上的标志物，例如山脉、湖泊或沙漠。尽管如此，有些鸟类还是会跟随有经验的鸟类迁徙或通过嗅觉来导航。

# 防御策略

鸟类有很多天敌，包择猫科动物、蛇类、鳄鱼及其他鸟类。为了保护自己不受天敌侵害，鸟类采用各种各样的防御策略，其中最常见的策略是伪装。有些鸟类与所处环境融为一体，来躲避捕食者的视线。灌丛鸟类就采用了伪装策略，当它们在地面时，其羽色和翼纹与环境融为一体，令捕食者很难察觉。有些鸟类遇到威胁时会飞跃而逃；也有些鸟类在陌生动物出现时会保持静止不动，采取装死的策略；还有些鸟类选择直面敌人。喜鹊、画眉等鸟类赶走接近巢穴的陌生入侵者的画面屡见不鲜。

## 个体防御策略

对独居的鸟类来说，如果有陌生者侵入，快速逃跑是常见的策略。然而，并不是所有独居鸟类都会做出这种反应，有些独居鸟类形成了特殊的防御技能。

### 逃跑

陆生捕食者出现时，鸟类的第一反应就是逃跑。如果这只鸟不能飞，那么它会寻找遮蔽或可以藏身之处。

### 展翼

猫头鹰伸展双翼，让身体看起来比平时更大。

### 干扰

小鸨将自己的粪便洒在捕食它的鸟类的脸上，这能够分散捕食者的注意力，让自己逃脱。

### 伪装

伪装是一种非常常见且最为有效的防御策略。很多鸟类利用羽衣模仿生存环境的主色和形状。当发现潜在敌人时，它们会静止不动以避免引起敌人注意。鸟类世界有很多非常著名的伪装案例，如上图所示的茶色蟆口鸱（*Podargus strigoides*）。很多雉科鸟类和陆禽都是深谙伪装之道的专家，它们能够与环境融为一体。以岩雷鸟为例，在冬季，它们的羽毛是白色的，而到了夏季，羽毛则变为赤褐色。

## 保护幼鸟

对于鸟类而言，孵化期以及育雏期是它们最易受伤害的时期。在这两个时期，它们只能呆在一个地方保持不动，因此最容易成为捕食者的猎物。正是由于这个原因，亲鸟会一直守护它们的巢穴，甚至会攻击过于接近巢穴的陌生者。

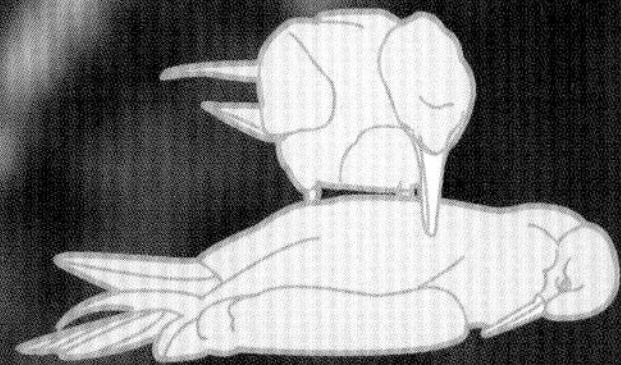

### 假装受伤

假装受伤或患病是一种非常普遍的行为，能让鸟类避免被选作猎物。雀莺、山鹑和鸽子常会采用这种防御策略。

### 攻击

另一种情况就是当入侵者或捕食者出现时，鸟类会公然采取攻击性行为。例如喜鹊甚至能袭扰并赶走威胁到幼鸟的老鹰。猛禽则更常用这种主动防御策略。

### 防护

当察觉到危险时，亲鸟会靠近并用自己的身体遮挡住幼鸟，这样幼鸟便不会落单。这种行为常见于热带鸟类（热带海鸟）。有几种杓鹬和矶鹞会把幼鸟置于腿间，䴙䴘会在游泳时把幼鸟驮在背上。

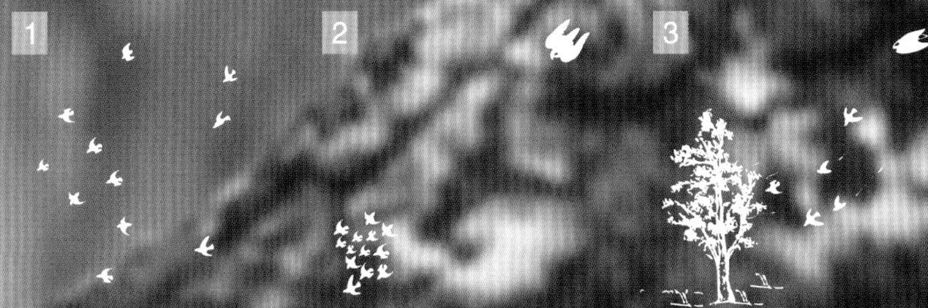


**为了保护自己免受猎鹰的攻击，**椋鸟会以密集的队形挤在一起。如果靠近树木，它们会毫不犹豫地把自己藏在树里。

## 集体防御策略

具有群体行为的鸟类通常会形成群体防御策略来保护自己。保护群体数量是鸟类能够继续生存的有力保障。作为一个整体，它们也采用其他战术。

### 群居

当群居在一起时，多数鸟类都能很好地保护自己免受捕食者伤害。由于这个原因，育雏期甚至会出现多种鸟类杂居在一起的现象。

### 成群结队

当捕食者出现时，鸟类会结成以同步模式飞行的鸟群，这使得捕食者难以锁定任何一个个体。

### 进攻与集体救援

很多群体生活的鸟类已经练就了数种用于营救的袭扰行为。当潜在敌人出现时，它们会采取行动，来帮助陷入危险或无法逃跑的个体。

### 警告

鸟类会发出呼叫来警告整个群体。绝大部分鸟类都能发出特有的典型啼叫，这种啼叫通常简短而清楚。鸟类常常在发出警告的同时还摆出不同姿势（例如伸长脖子或拍打翅膀），这些警示行为都能够让其他群体成员注意到入侵者的出现。

# 多样性与分布

人们把某种生物经常居住的环境称为该生物的栖息地。鸟类的栖息地是鸟类觅食和筑巢的最佳场所，如果遇到危险，也有助于它们逃生。鸟类广泛分布在世界各地，与其他地区相比，热带地区的鸟类种类更多。当同源鸟类在不同环境下

**野鸭**

野鸭是天生的捕鱼能手，以小蜗牛和水生昆虫的幼虫为食。



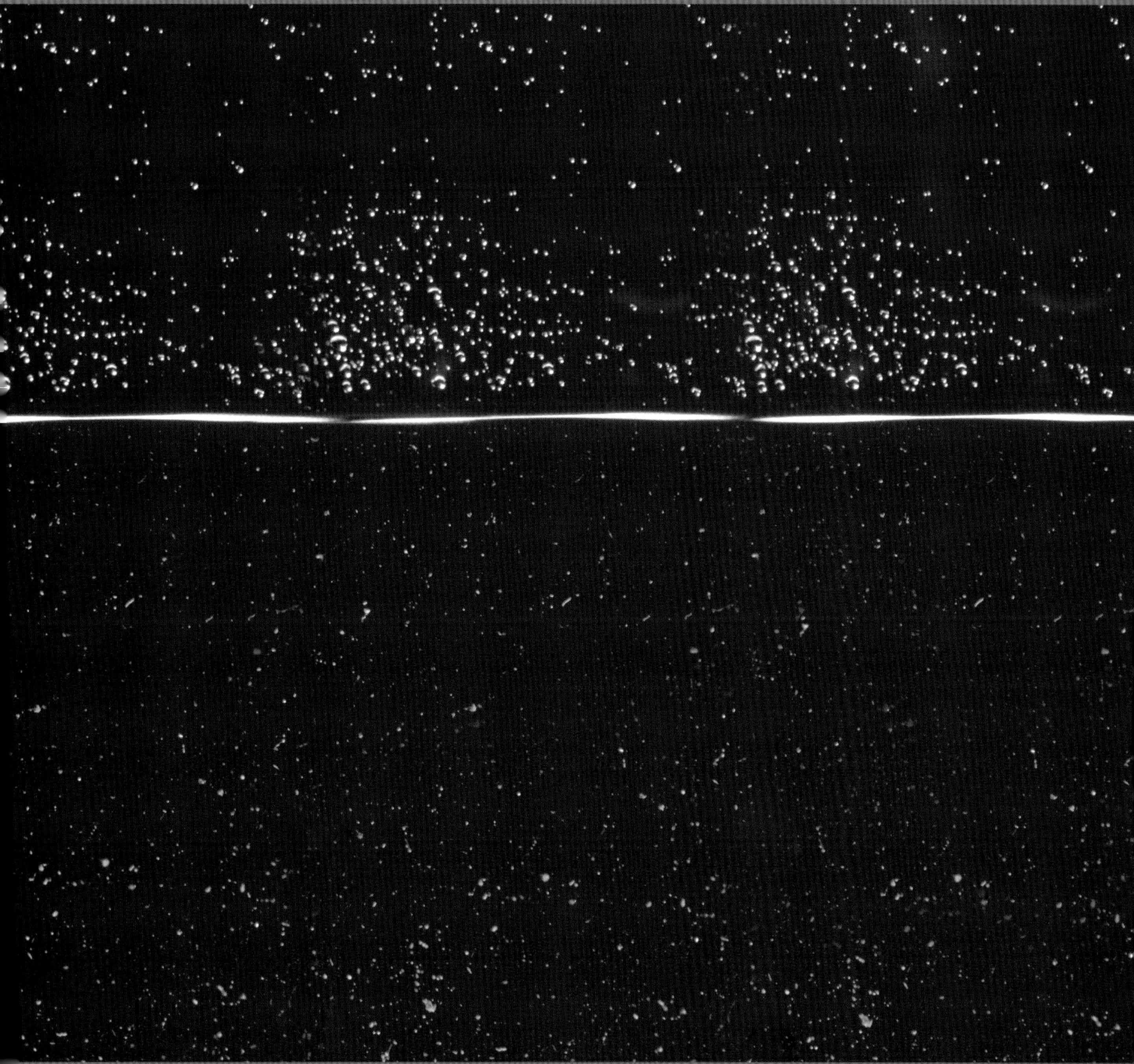

生活时，它们会在演化过程中变得更加多样化。这种现象被称为“适应辐射”。研究表明，生活在海洋周边、淡水和森林等环境中的不同鸟类为了适应当地的生活无一例外地发生了变化。受到适应过程的影响，每种鸟类都形成了特殊的身体特征和行为表现。●

# 鸟类的名称

为了了解更多不同鸟类的情况，我们为每种鸟类各取了一个名称。古人把鸟类当作食物，或将鸟类视为凶兆或吉兆，根据实用特性和神话信仰为鸟类归类。后人通过科学性思考，创立了一种既考虑到鸟类外部形态又顾及其行为的分类体系，因此便形成了肉食猛禽、涉禽和鸣禽等分类。最新的鸟类分类体系以遗传学和演化准则为依据，形成了一种不断更新的等级结构。

**麝雉**

(*Opisthocomus hoazin*)
麝雉是栖息在亚马孙雨林中的一种热带鸟类。幼鸟翅尖处有爪，这让人联想到它们的祖先始祖鸟。

## 什么是分类学

从 16 世纪开始，人们已使用组合式名称为鸟类和其他生物命名。不过，直到 18 世纪后期，才开始采用瑞典博物学家林奈所主张的双名法。这是一种科学的命名法，其前半部分为属名，后半部分为种名，因此，野（家）鸽的拉丁学名为原鸽（*Columba livia*）。世界各地出现的新物种不断地拓宽鸟类的序列，以至于组合式名称不再够用了，因此，科、属层级被建立了起来，将那些具有类似特征的鸟种都归属为同一科。同样地，那些具有共同特征的各科鸟类都归属为同一目，随后又归属为一个分类等级，被称为纲，纲包括所有现存和已灭绝的鸟类。鸟类自身组成鸟纲，同时，鸟类在更高的层次上隶属于脊索动物，被列入脊索动物门，且与鱼类、两栖动物、爬行动物和哺乳动物等一起合用一个分类等级——脊椎动物亚门。

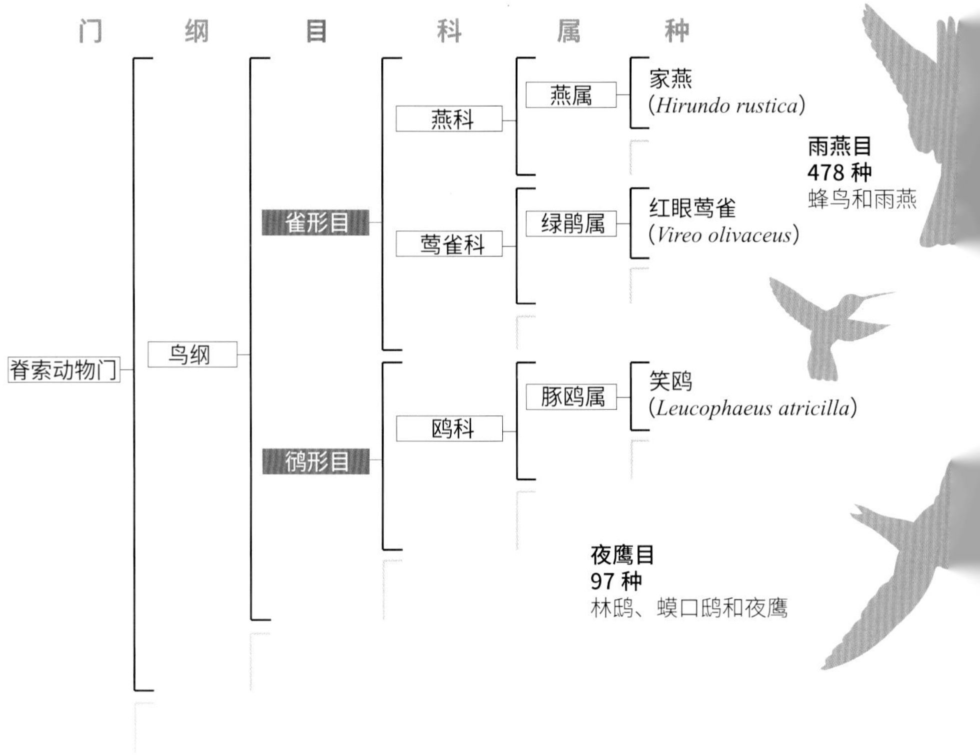


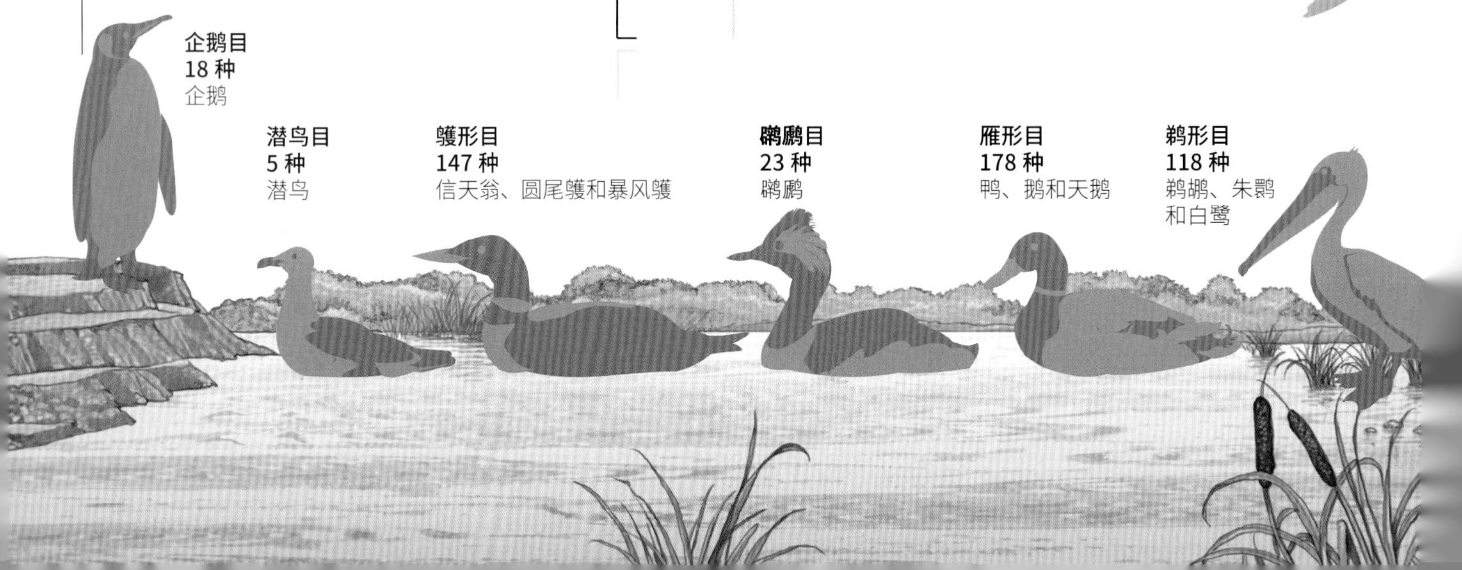

## 多样性与生存环境

现代鸟类分布于各种栖息环境之中，从水生环境（淡水或海水）到陆空环境都能看到鸟类的身影。海洋鸟类生活在悬崖峭壁之间、海岛之上或红树沼泽之中，它们都是捕鱼能手，并在海滨或岩石间的裂缝里营巢。在淡水区（例如河水或溪流），鸭以植物和水面的微生物为食。泥泞的海滨有许多昆虫和软体动物，它们是朱鹮的美食。苍鹭、鹳鸟和白鹭的腿很长，这使它们既可以边蹚水边用锋利的喙叉鱼，又不会弄湿羽毛。葱郁的森林、茂密的丛林、绵延起伏的山脉和广阔无垠的平原都是陆空鸟类的家园。在丛林和森林中，猛禽自由地捕食猎物，咬鹃与鹦鹉则尽情享用昆虫和水果。由岩石形成的山峰是神鹫的领地，它们在那里连续飞行几个小时以寻找动物的尸体。大草原和热带稀树草原则是非洲鸵鸟的家园。

（图中分类参考国际鸟类学大会《世界鸟类名录 11.2》）

# 鸟类栖息地

由于鸟类的活动范围很广，它们的领地几乎遍布世界的各个角落。尽管如此，仅有几种鸟类是全球分布的，大部分鸟类因受气候和地理特征的影响，有自己特定的栖息地。18 世纪的博物学家布丰是第一位发现生物分布不均匀现象的人。通过分析动物在地球上的分布情况，布丰意识到在不同的地区具有不同的动物区系。在自然学家查尔斯 · 达尔文和鸟类学家菲利普 · 斯科拉特发表了相关著作后，生物存在于特定的生物地理区域这一观点已经被广泛接受。●

海鹦
(*Fratercula artica*)

**新北区**

732 种 62 科

7 %

特征

寒冷气候的屏障和海洋隔离
大部分为迁徙物种
很多食虫鸟类和水禽与古北区有密切关系

当地常见鸟种：潜鸟和海鹦

**大洋洲**

187 种 15 科

2 %

特征

区域辽阔且气候多样
飞鸟、潜鸟和水鸟
丰富的食鱼鸟类
许多分布广泛的种类

当地常见鸟种：信天翁、鞘嘴鸥、海燕、企鹅和海鸥

## 依环境而适应

世界各处的栖息地都有鸟类的踪迹，尽管大部分鸟类生活在热带地区。鸟类的适应能力很强，从丛林到沙漠，从高山到海滨，甚至海上，它们都能很好地适应。鸟类的外形和行为经历了一系列较大的变化。帝企鹅能在南极洲筑巢，还能在双腿间孵卵，孵卵时间在 62~66 天。雄性里氏沙鸡长有一种像海绵一样吸水的羽毛，可以为雏鸟携带水。蜂鸟生有一对特殊的翅膀，能够让它们施展各种飞行绝技。

**新热带区**

3 370 种 86 科

32 %

特征

长期的地理隔绝
很多原始物种
大量食果性动物

当地常见鸟种：美洲鸵、鵎鸟、油鸱、麝雉、伞鸟和纹背蚁鵙

毫无疑问，这个地区的鸟种最为丰富。作为地球上重要的热带区域，南美洲热带地区的鸟类种类是热带非洲的 1.5 倍。凭借所拥有的 1 700 多种鸟类，哥伦比亚、巴西和秘鲁成为世界上鸟种最丰富的国家。即使面积较小的厄瓜多尔，也拥有 1 500 多种鸟类。

麝雉
(*Opisthocomus hoazin*)

## 世界生物的多样性

对于鸟类而言，种类最繁多的地区是热带地区，因为那里具有适宜的生存条件，包括丰富的食物和温暖的气候。不过，四季分明的温带地区却是那些从热带和极地地区迁徙而来的候鸟的目的地。寒冷地区鸟的种类虽然不丰富，但是种群密度却非常高。因此，鸟类多样化分布的基本规则为：生存环境所需的适应难度越小的地方，生物种类就越多样化。

亚洲

欧洲

非洲

印度洋

太平洋

大洋洲

### 古北区

**937 种** 73 科

9 %

**特征**

- 寒冷气候的屏障和海洋隔离
- 物种多样性程度低
- 大部分为迁徙物种
- 多种食虫鸟类和水禽

当地常见鸟种：西方松鸡、太平鸟、鹟和鹤

由于气候条件类似，许多学者经常把古北区和新北区合并为全北区。

### 拥有鸟类种类最多的国家

**超过 1 500 种**

哥伦比亚
巴西
秘鲁
厄瓜多尔
印度尼西亚

**超过 1 000 种**

玻利维亚
委内瑞拉
中国
印度
墨西哥
刚果（金）
坦桑尼亚
肯尼亚
阿根廷

### 非陆热带区

**1 950 种** 73 科

19 %

**特征**

- 海洋和沙漠隔离
- 多种雀形目鸟类
- 多种不会飞的鸟类

当地常见鸟种：非洲鸵鸟、蕉鹃和杜鹃

### 印度马来区

**1 700 种** 66 科

16 %

**特征**

- 与非洲热带区关系密切
- 热带鸟类
- 多种食果性动物

当地常见鸟种：雀鹎、八色鸫和雨燕

红喉北蜂鸟
(*Archilochus colubris*)

### 澳大拉西亚区

**1 590 种** 64 科

15 %

**特征**

- 长时间的隔离
- 多种不会飞的鸟类和原始鸟类

当地常见鸟种：鸸鹋、几维鸟、凤头鹦鹉、极乐鸟

非洲鸵鸟
(*Struthio camelus*)

# 丧失飞行能力

在自然界中，有些鸟类丧失了飞行能力，它们的主要特征是翅膀消失或功能退化。虽然有些鸟类的翅膀大得惊人，但也许那正是它们无法飞行的原因。这些不会飞的鸟类包括大型走禽，如非洲鸵鸟、鹤鸵、美洲鸵鸟和鸸鹋，它们的体重都超过了 18 千克。其他不会飞的鸟类还包括生活在新西兰边远地区、奔跑速度极快的几维鸟，以及水性极好的企鹅。

**非洲鸵鸟**

是一种栖息于非洲东部和南部的鸵鸟。成鸟高度可达 2.75 米，体重可达 150 千克。

## 游泳健将

企鹅全身长有三层细小而重叠的羽毛，短小的四肢和符合水动力学原理的身材使它们能够在水中敏捷、快速地穿梭。浓密、防水的羽衣和皮下厚厚的脂肪层可以帮助企鹅抵御栖息地的严寒。坚硬且紧凑的骨骼使得企鹅能够轻松地潜入水中。这种适应性变化将企鹅与骨骼轻而中空的飞禽区分开来。

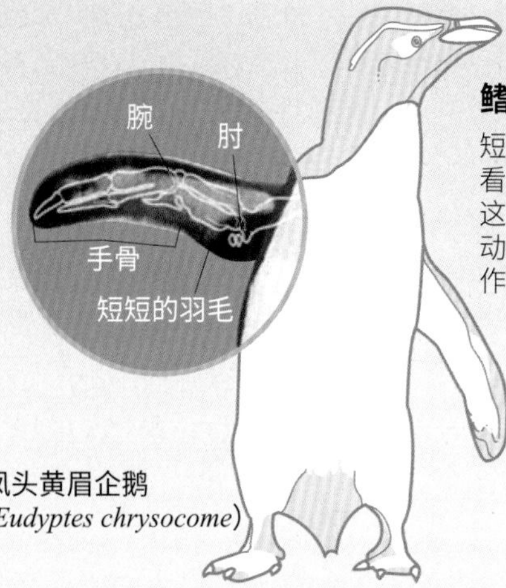


**鳍状肢**

短小而坚实的翅膀看起来与鳍相似，这对企鹅的水下运动起着必不可少的作用。

凤头黄眉企鹅
(*Eudyptes chrysocome*)

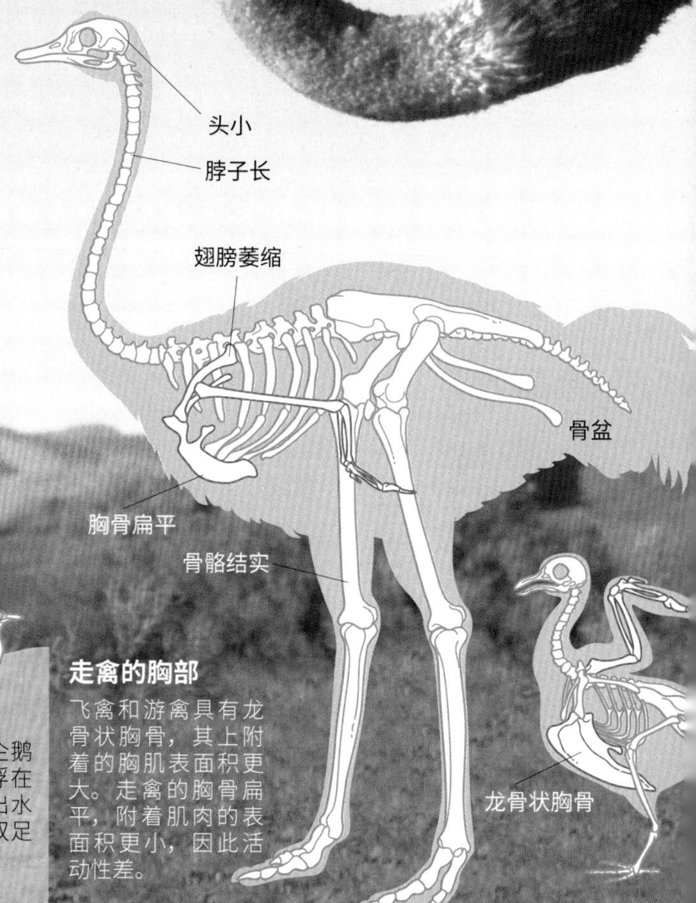


### 企鹅跳入水中

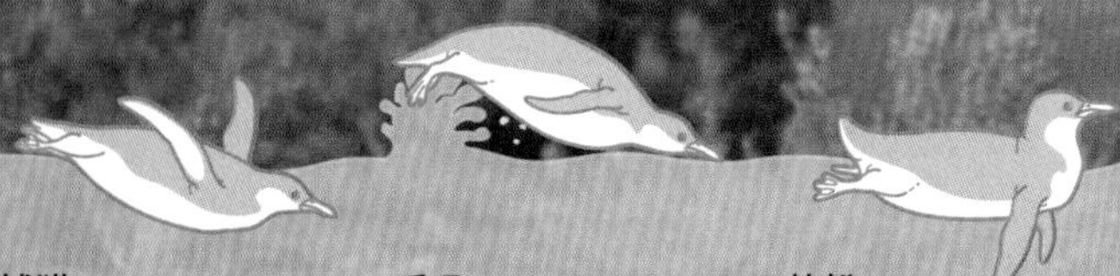

**捕猎**

双翼像鳍一样摆动。后伸的双足各有四趾，中间有蹼相连，和尾巴一起控制潜水的方向。

**呼吸**

在寻找食物时，企鹅需要浮出水面并在再次潜入水中之前深吸一口气。

**放松**

在水中休息时，企鹅缓慢移动。它们浮在水面上，头部露出水面，利用双翼和双足来平衡身体。

**走禽的胸部**

飞禽和游禽具有龙骨状胸骨，其上附着的胸肌表面积更大。走禽的胸骨扁平，附着肌肉的表面积更小，因此活动性差。

## 平胸鸟类

走禽属于平胸鸟类（平胸指胸骨扁平）。它们的前肢或是萎缩，或是具有与飞行无关的机能。后肢的肌肉发达，骨骼结实有力。走禽的另一个不同之处是它扁平的胸骨无龙骨突，而飞禽和游禽都有龙骨突。野生平胸鸟类仅生活在南半球。

**鸵鸟目**

非洲鸵鸟每足仅有两趾，快速奔跑时，它会利用翅膀来保持平衡。成年雄性非洲鸵鸟的体重能达到 150 千克。

**美洲鸵鸟目**

在阿根廷等南美洲国家，美洲鸵鸟非常常见。它看起来像非洲鸵鸟，但体型较小。美洲鸵鸟的足有三趾，这更利于它们追捕猎物。美洲鸵鸟长长的脖子和极佳的视力使它们成为优秀的猎手。

**鹤鸵目**

它们是动作敏捷的走禽和游禽，脖子和头部的颜色非常独特。骨头粗大的双足能保护它们在奔跑时免受植物伤害。足上具有长而锋利的爪。

**鹬鸵目**

[illegible]的双足各有四[illegible]羽毛无羽小[illegible]起来与毛[illegible]通常利[illegible]夜晚[illegible]

**更加多样化**

由于人为干涉，走禽的踪迹通常遍布世界各地。不过，那些不会飞的鸟类多样化程度最高的地区当属大洋洲，因为那里同其他大陆相隔离。

## 奔跑和蹬踢

非洲鸵鸟通常以奔跑的方式来躲避捕食者或追捕猎物（蜥蜴和啮齿类动物）。在逃跑和追捕猎物时，由于腿长，它们的奔跑速度能达到 72 千米 / 时，并且能一直保持以这个速度奔跑达 20 分钟之久。当靠奔跑不足以保护自己时，蹬踢成为一种有效的打击方式，用以震慑攻击者。在求偶期，有力的跺脚也成为赢取雌性青睐的手段。

**非洲鸵鸟脖颈上的椎骨共有**

**18 节。**

**依靠两趾运动**

由于足仅有两趾，因而足与地面的接触面积相对要小一些。在地面移动时，这便成为一种优势。

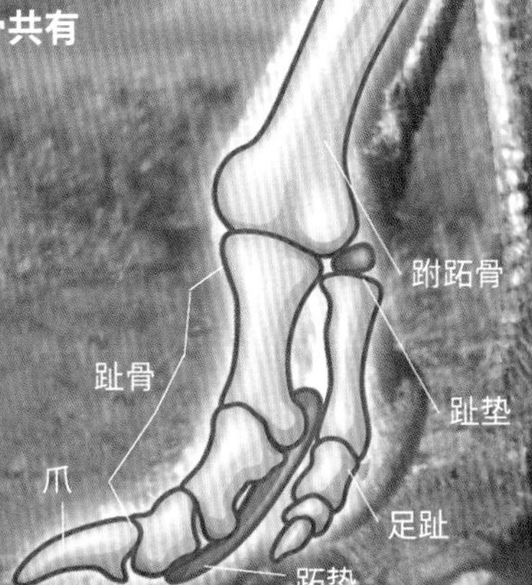


## 其他走禽

鸡、火鸡和雉都属于鸡形目。鸡形目长有龙骨，而且它们能够突发性地快速扑翼飞行，但是这仅发生在极端情况下。它们的足适于行走、奔跑和抓地。这一类群包括人类最常利用的禽类。

**缺乏美感的飞行**

1 助跑和起跳。
2 笨拙地起飞并快速拍打翅膀。
3 紧急着陆。

# 海上居民

地球上生活的众多鸟类中，大约仅有 300 种鸟类能够适应海上生活。为了在海上生存，它们经历了多次演变：例如，与其他鸟类相比，海洋鸟类具有更高效的排泄系统，包括能够帮助它们排泄体内多余盐分的特殊腺体。大部分海洋鸟类都生活在海滨，并且具有类似涉禽的行为；另有一些则更多地水栖而不是飞翔。信天翁、海燕和鹱等几种鸟类能够连续飞行数月，其间着陆仅是为了抚育雏鸟，它们被称为远洋鸟类。

## 适应

海洋鸟类为在水上生活作了充分的准备，尤其是那些在海上捕鱼的鸟类。这些鸟类喙的尖端呈钩状，双足趾间长有脚蹼，还拥有一项令人羡慕的技能——漂浮。它们甚至能饮用咸水。有些远洋鸟类的嗅觉极为灵敏，能帮助它们闻到水中的鱼油的气味，进而发现鱼群。它们也利用嗅觉在栖息地寻找自己的巢穴。

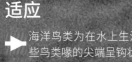

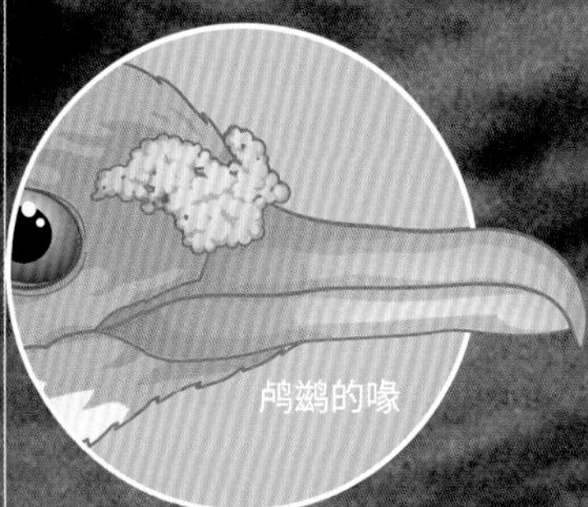


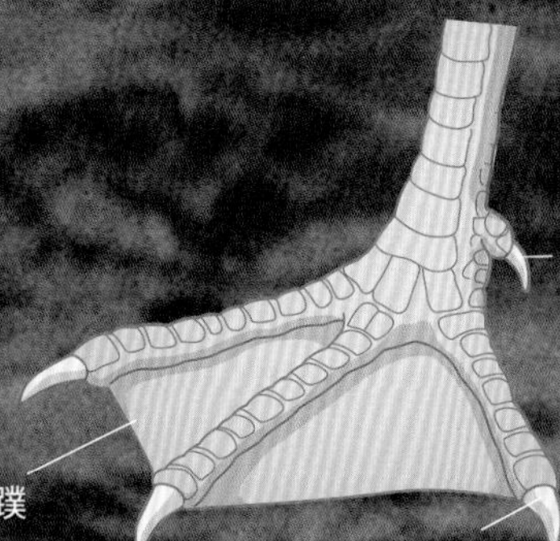


### 全蹼足

全蹼足是很多海洋鸟类的一个共有特征。后面的足趾（后趾）通过蹼与其他足趾相连。这会增大足部表面积，因此当它们游泳时，推动力会更大。长有此类足的鸟类走起路来会显得很笨拙。

### 45 米

这是海洋鸟类能够到达的最大深度。据记载，普通潜鸟（北美洲特有的在海上过冬的鸟类）到达过这个深度。虽然普通潜鸟几乎不能走路，但它们却是游泳和潜水能手。整个夏季，它们都在内陆湖筑巢。

普通潜鸟
（*Gavia immer*）

## 各种各样的海洋鸟类

**钩状喙尖**

一旦捕到鱼，钩状喙尖能有效地防止鱼滑落和逃离。

**蓝眼鸬鹚**

（*Leucocarbo atriceps*）

这种身形巨大的海滨潜鸟长有结实的骨骼和强壮的适合游泳的双足。蓝眼鸬鹚不为自己的羽衣上油，以便能够更好地潜入水中。

**褐鹈鹕**

（*Pelecanus occidentalis*）

褐鹈鹕在岸边栖息。游泳时，它的嗉囊能像渔网一样捞鱼。

**银鸥**

（*Larus argentatus*）

银鸥是贪吃的捕鱼能手和出色的滑翔家。它们分为很多种类，有些是真正的世界居民。

**南非鲣鸟**

（*Morus capensis*）

南非鲣鸟是叉鱼行家，它们栖息在非洲。它们的喉部有一条狭长的裸露皮肤，能有效地给自己降温。

**管状鼻孔**

信天翁在喙的两侧各有一个管状鼻孔。而海燕和鹱的管状鼻孔则愈合在喙的顶部，形成一根鼻管。

**喙**

喙部由几片坚硬的角质片构成。

## 盐腺

在海洋生活需要一些适应性。其中，鸟类最显著的适应性特征就是盐腺，它能把血液中多余的盐分排泄掉。因此，海洋鸟类甚至能饮用海水，而不像人类一样会因此承受脱水的痛苦。这种腺体的工作效率非常高：根据实验观察，在饮用浓度与海水浓度（4%）相似的盐水溶液20~30 分钟后，鸟类就会通过鼻孔以水滴的方式排泄另一种含盐率为 5% 的溶液。

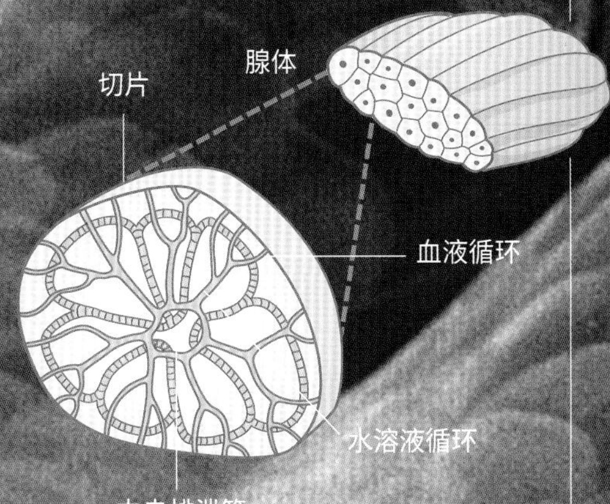


## 捕鱼方法

很多海洋鸟类通过俯冲入水中的方式来捕鱼，这样它们才能接近在水面下游动的鱼类。为了潜得更深，海洋鸟类会从海面飞起几米的高度，侦查鱼群情况，然后合起双翼，向前伸出脖子猛冲入水中。因为它们的羽毛具有浮力，所以它们很快就能重新浮到水面上。

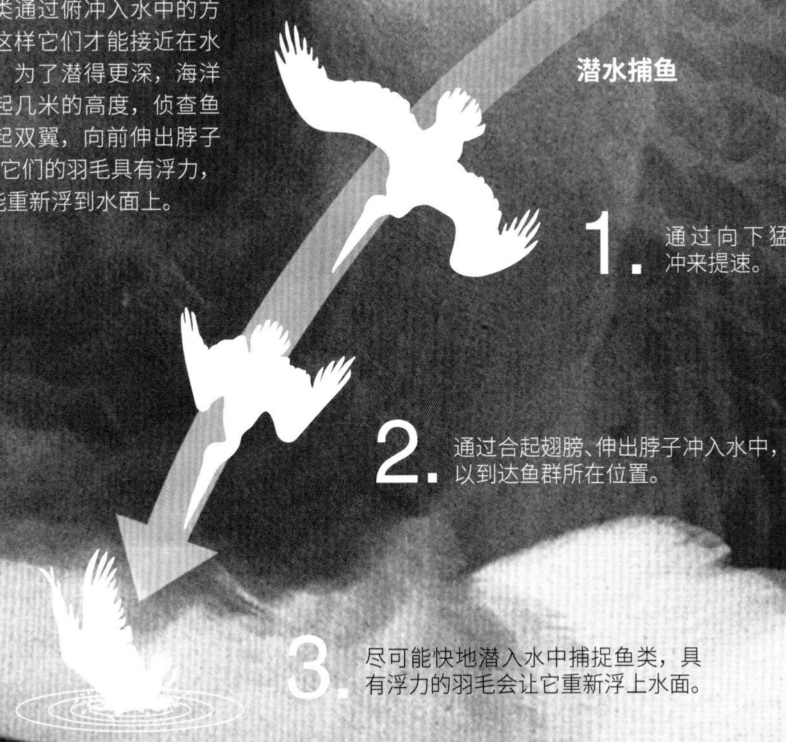

潜水捕鱼
1. 通过向下猛冲来提速。
2. 通过合起翅膀、伸出脖子冲入水中，以到达鱼群所在位置。
3. 尽可能快地潜入水中捕捉鱼类，具有浮力的羽毛会让它重新浮上水面。

# 淡水鸟类

淡水鸟类多种多样，分布范围广泛，从普通翠鸟到鸭和鹤，应有尽有。淡水鸟类每年至少有部分时间栖息在河流、湖泊和池塘，并且能很好地适应水栖生活。有些淡水鸟类是游泳能手，有些则是潜水行家，还有些利用长长的腿在河道中涉水捕鱼。淡水鸟类的食物多种多样，它们大多数都是杂食性鸟类。

## 鸭及其远亲

雁形目包括人们非常熟悉的鸭、鹅和天鹅等鸟类。它们的足短而有蹼，喙宽而扁平，边缘有成排的栉板（类似齿），便于滤食、捕鱼、刮磨河床和池塘底部。它们大多数为杂食性鸟类，虽然其中有些鸟类在陆地上的时间更长，但它们都能适应水上生活（栖息在水面或潜入水中）。它们分布广泛，雄鸟的羽衣在求偶期会变得非常华丽。

疣鼻栖鸭（*Cairina moschata*） 黑颈天鹅（*Cygnus melancoryphus*） 白额雁（*Anser albifrons*）

### 如何利用足游泳

鸭子的足有两种运动方式：如需要前进，鸭子会伸展足趾并利用有蹼的双足划水，然后合拢中趾再次向前移动足部；如要转弯，它只需用一只足向侧面推动水即可。

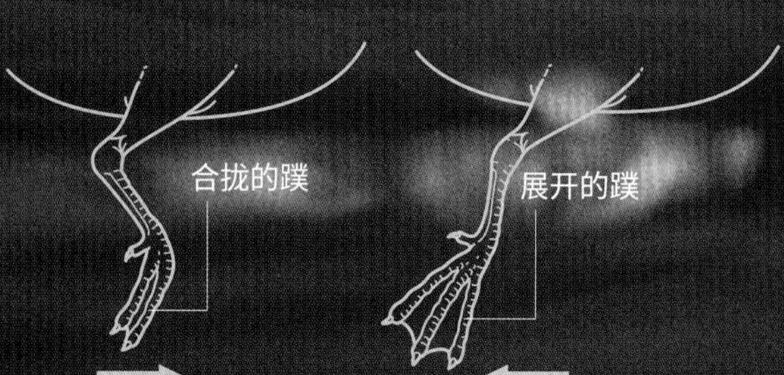


### 鸭的饮食

1 鸭子在水面上游动，寻找水下的食物。

2 鸭子把头伸入水中，双足突然后推，然后将脖子向下扎。

3 鸭子头朝下浮在水面上，用喙戳刺水下。

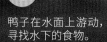

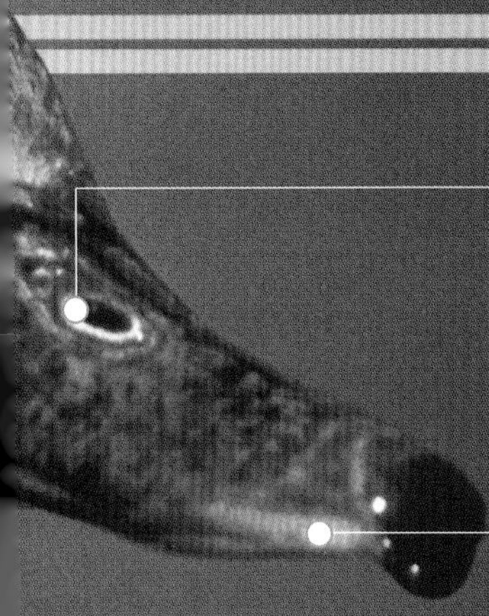


**鸭的喙**

喙宽而扁平，中间部分略下凹。一般而言，喙的形状差异不大，但是有些鸟类，例如鸳鸯，长有短而小的喙。

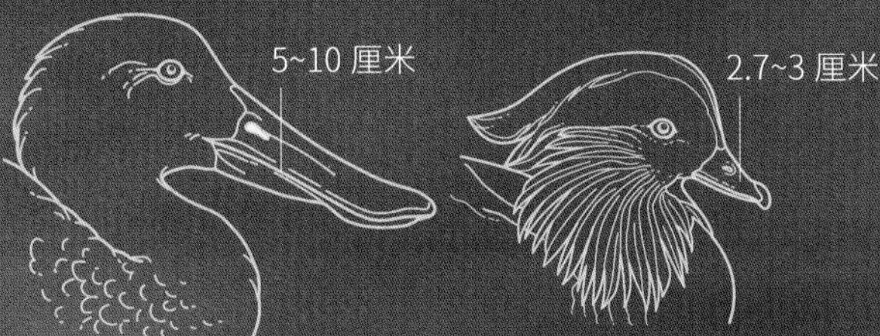


**铲形喙：** 雁形目鸟类的典型喙形。

**鸳鸯的喙：** 喙部最小的鸟类之一。

…色树鸭（*Dendrocygna …color*）

## 涉禽类

这些鸟类属于人为划分的一个目，从遗传学角度来看，其物种之间没有联系。之所以把它们归入同一组，是因为对同一栖息地的适应使它们形成了类似的外形：长长的喙部和颈部很灵活，能够完成技巧性很高的动作；腿很细，在捕鱼时非常适合涉水。苍鹭形成了一个特殊的类群，因为它们四海为家，而且还具有粉绒羽。朱鹮和鹳分布也非常广泛。人们最早在非洲发现具有匙形喙和锤形喙的鸟类。

**朱鹮**（*Threskiornis* sp.）：有些靠滤食微小生物为食，有些以鱼为食。

**鹳**（*Ciconia* sp.）：利用长长的喙捕鱼。

**鲸头鹳**（*Balaeniceps rex*）：在漂浮的莎草间觅食。

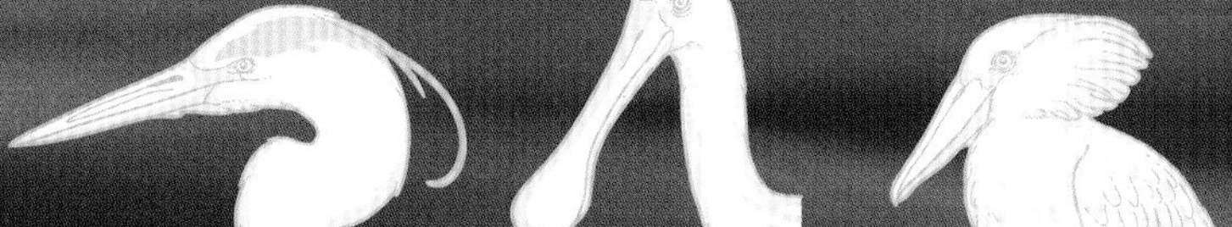

**苍鹭**（*Ardea cinerea*）：用尖而利的喙捕鱼。

**白琵鹭**（*Platalea leucorodia*）：以几种水生动物为食。

**锤头鹳**（*Scopus umbretta*）：以捕鱼和捕猎小型动物为生。

## 潜鸟和其他捕鱼的鸟类

潜鸟大部分属于䴙䴘目，以小型鱼类和水生昆虫为食，在陆地上时显得很笨拙。佛法僧目中的普通翠鸟和其他类似的鸟类通过密切观察水面的动静来寻找猎物。当发现小鱼时，它们通过刺叉的方式用喙捕捉鱼类。鸻形目中的杓鹬徘徊在池塘边寻找食物，它们的长腿能保证身体不被水沾湿。

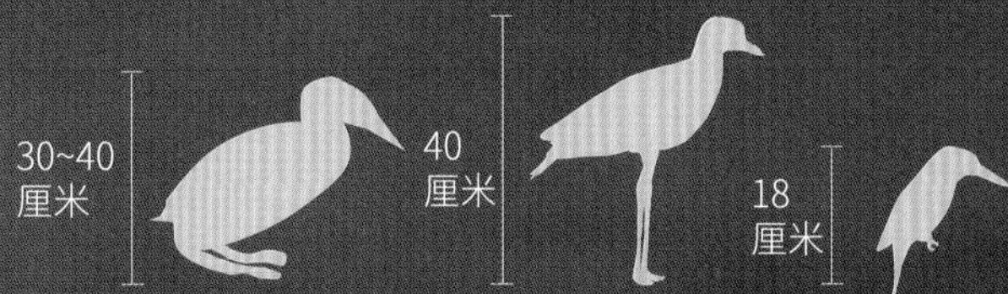


**䴙䴘**（*Podiceps* sp.）

**欧石鸻**（*Burhinus oedicnemus*）

**普通翠鸟**（*Alcedo atthis*）

**白鹮**的喙长而细，非常适合刺入泥土寻找食物。

美洲白鹮（*Eudocimus albus*）

**白鹮的腿**

长腿能确保鸟身体在水面之上，而又足够靠近鱼。它们也靠长腿来搅动湖泊和池塘底部的水。

# 全副武装的猎手

猛禽是食肉鸟类，也是天生的猎手，它们全副武装，时刻准备捕食。它们的视力比人类敏锐 3 倍；它们的听力能够测定猎物的确切情况；它们的利爪强劲有力——仅用爪施力就能杀死一只小型哺乳动物；它们的钩状喙仅需一啄就能扯断猎物的脖子，置猎物于死地。鹰、隼、鹫和猫头鹰是猛禽类的典型代表。猛禽可能是昼行鸟类，也可能是夜行鸟类，然而无论怎样，它们都时刻保持警惕。

## 昼行性与夜行性

雕、隼和鹫是昼行性猛禽，而鸮（猫头鹰）则是夜行性猛禽，也就是说鸮在夜间活动。这两个类群之间没有密切关联。猛禽的主要猎物是小型哺乳动物、爬行动物和昆虫等。一旦发现猎物，它们便会朝猎物滑行。夜行性猛禽经历了特殊的适应性变化：它们的眼睛朝向前方，视力极其发达；听力非常敏锐；翅膀上羽毛的特殊排列方式让它们在飞行时不会发出一丝噪声；它们的羽毛颜色灰暗，有助于与环境融为一体，能够在白天睡觉时保护自己。

**雕鸮**
（*Bubo bubo*）
雕鸮的耳朵虽然位置不对称，但是却能极为精确地测定猎物的位置。

**白头海雕**
（*Haliaeetus leucocephalus*）
白头海雕的视野达到 220°，双焦视角为 50°。

## 喙部

猛禽的喙部呈钩状。有些猛禽喙部长有功能与刀类似的齿突，能够杀死猎物并撕开猎物的皮肤和肌肉组织，然后就能毫不费力地获取食物。喙部的结构和形状会因猛禽的种类而发生变化。腐食性鸟类（例如秃鹫）的喙部并不十分锋利，因为腐败的动物组织比较柔软。其他猛禽（例如隼）用爪捕捉猎物，并用喙部猛戳猎物颈部来折断其脊椎，以杀死猎物。

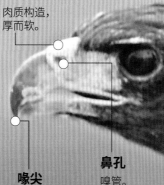

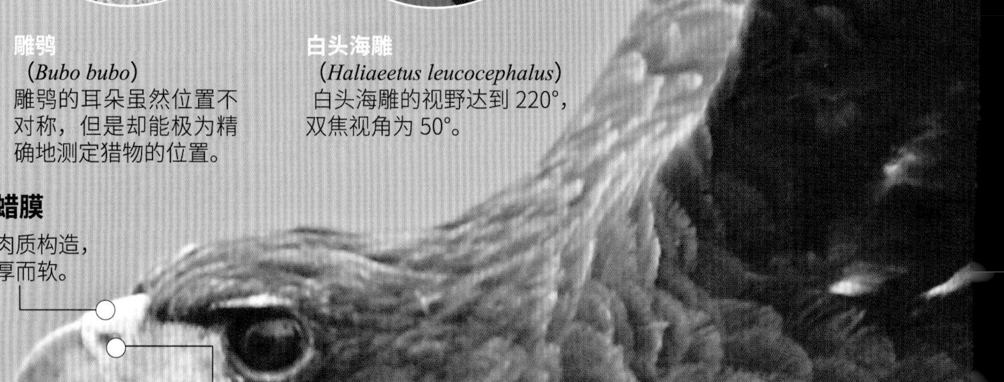


斑尾鵟
（*Buteo albonotatus*）

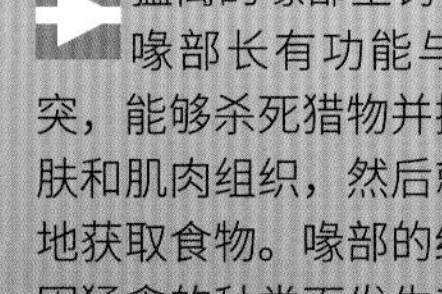

**白头海雕**
钩状喙，常见于多种猛禽。

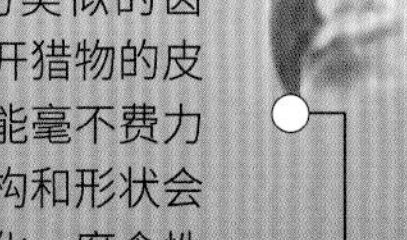

**雀鹰**
薄而尖的喙能把蜗牛从壳中取出来。

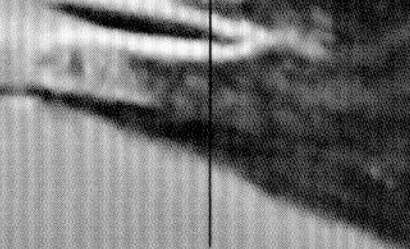

**隼**
隼能用上喙折断猎物的脊椎。

**苍鹰**
其强大的喙能捕捉像野兔一样大小的猎物。

### 猫头鹰吐出的食丸

猫头鹰有吐食丸的习性。猫头鹰把猎物整个吞下去，然后反刍不能消化的物质。研究其食丸能够精确测定小范围内的动物类别。

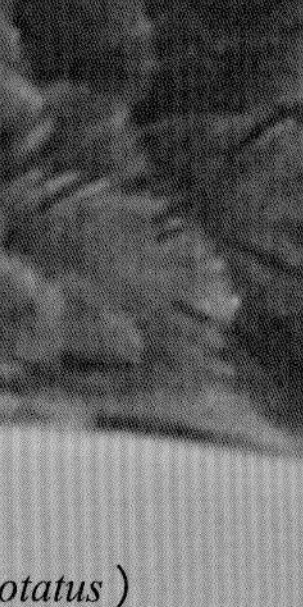

### 秃鹫如何捕猎

① 秃鹫虽然也攻击活着的单独行动的弱小动物，但它们主要以腐肉为食。

② 秃鹫有利用热气流滑翔的能力，所以它们在高空盘旋时，很容易发现动物的尸体。

③ 一旦发现食物，它们马上对地势进行分析，以确定降落后是否能够很快地再次起飞。

### 翼的大小

猛禽的翅膀能够适应它们的飞行需求。它们的翼展能达到 3 米长。

神鹫：0.95~2.9 米

鹰：1.35~2.45 米

大鵟：1.2~1.5 米

鸢：0.8~1.95 米

红背鵟：1.05~1.35 米

隼：0.67~1.25 米

## 足部

大部分猛禽利用它们的爪捕食猎物，利用它们的喙撕开猎物的肉。正是由于这个原因，猛禽的足部是构成猛禽形态学的特征之一。足趾末端具有坚硬而锋利的趾甲，常被用作钳子去捕捉飞行中的猎物。鱼鹰的足掌也长有爪，能够帮助它们捕鱼。

**8 000 米**

**隼能够分辨鸽子存在的距离。**

**兀鹫**
足趾长，所以不能很好地抓握。

**海雕**
足趾覆盖着粗糙的鳞片，使趾看起来与爪相似，能帮助捕鱼。

**苍鹰**
趾尖长有硬茧。

**雀鹰**
双足具有跗骨和短而有力的趾。

# 美丽而又健谈

在鸟类世界中，鹦鹉构成了一个极具学习能力和观赏性的类群。这一类群包括凤头鹦鹉、金刚鹦鹉和长尾鹦鹉。它们具有同样的形态特征，例如大大的脑袋、短短的脖子、强而呈弯钩状的喙和适合攀爬的足，以及色彩绚丽的羽衣。巨嘴鸟和啄木鸟具有同鹦鹉一样绚丽的羽毛和善于攀爬的足。巨嘴鸟的喙虽然很宽很厚实，但非常轻。啄木鸟虽然属于攀禽，却具有强而有力的直喙、坚硬的尾羽和独特的羽冠。啄木鸟组成很多鸟群，大部分都在树上筑巢。

## 进食、攀爬和啁啾

鹦鹉用喙进食，并利用喙在树枝上到处走动，它们把喙当作“第三只足”，在攀爬时起支撑作用。鹦鹉的上颌具有曲线轮廓和喙尖，而下颌具有锋利的缘。在切割、压碎果实和种子时，喙部的这些适应性变化非常实用。大型鹦鹉喜欢以核桃、榛果和花生这类长着硬壳的坚果为食，而小型鹦鹉更喜欢用舌头上的刷状毛吸食花蜜和花粉。能够模仿人类的声音使鹦鹉非常受大众欢迎。其实，鹦鹉根本不具备语言能力，它们只是优秀的模仿者而已。它们利用超强的记忆力模仿声音。当鹦鹉觉得饥饿或发现陌生人时，它们就会模仿人类的声音。

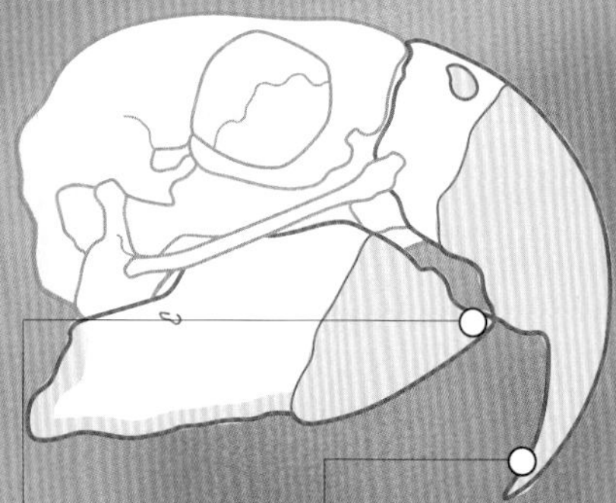


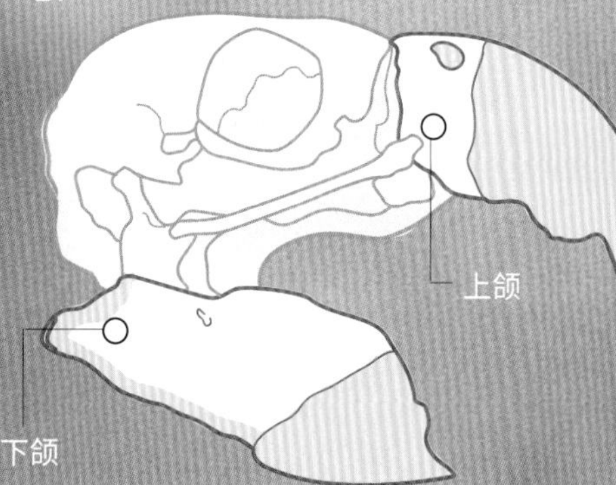


**喙上部**
喙上部是用来施力压碎果实的部位。

**钩喙**
钩喙是用于撕开种子的锋利骨突。

**上颌和下颌**
钩状喙活动灵活，颌骨通过铰合部与颅骨相连。上颌基部具有一个隆起的软膜，称为蜡膜。

**啄木鸟**
通过啄击的方式挖空树干筑巢，并以啃噬木头的昆虫为食。

**啄木鸟的习性**
啄木鸟生活在森林里，并且整天在那里发出“咚、咚、咚”的啄木声。强而有力的粗大喙部、可配合双足起支撑作用的坚硬的尾巴，是它们对树栖生活的适应性表现。它们利用听觉确定树皮内昆虫的位置，然后不停地啄击那里，直到找到昆虫为止。

**巨嘴鸟**
巨嘴鸟的喙巨大，有锯齿状的缘，适合吃水果。它们生活在南美洲茂密的丛林里。

**绿咬鹃**
绿咬鹃属于咬鹃科。它们生有适合树栖生活的足。雄性绿咬鹃具有色彩鲜艳的羽衣和长而漂亮的尾巴。

### 体型对比

美洲鹦鹉的个头差异很大，从身长30厘米的和尚鹦哥（*Myiopsitta monachus*）到1米长的南美洲紫蓝金刚鹦鹉（*Anodorhynchus hyacinthinus*）不等。

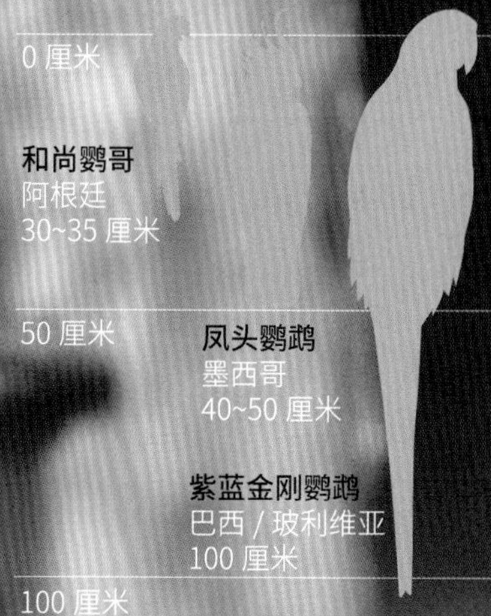


**翅膀**

通常，鹦鹉具有短而圆的翅膀，适合在树枝间飞行。

**鼻孔**

位于喙上部的基部。

**钩喙**

## 足部

鹦鹉的足部被称为对趾足，意思是说其足两趾向前、两趾向后。鹦鹉的步态看似趾高气扬，实际上是它们足部的胫跗骨比其他鸟类短的缘故。

### 作用类似手的足

有些鸟类的左足较长。它们利用左足抓握水果，然后用喙撕碎。

### 羽毛和羽色

鹦鹉具有坚硬而闪亮的羽衣。丰富的绿色羽毛能够帮助它们隐匿在绿叶之中。在南美洲，鹦鹉的羽毛颜色包括由蓝色、黄色和红色构成的各种色调。

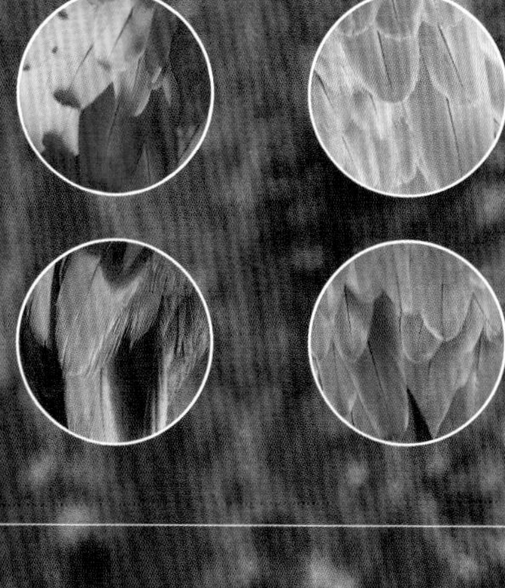

# 树栖鸟类俱乐部

形目是所有鸟类中分布最广且种类最多的一个目。雀形目中的鸟类有何与众不同之处呢？

它们的足适合抓握树枝，因此适应在森林中栖息，但同时也能在地面和灌木丛中漫步。它们的栖息地遍布全世界的各种陆地环境，从沙漠到树丛，到处都有它们的踪迹。它们的鸣管发达，能够发出复杂的鸣叫和鸣啭。它们的雏鸟为巢栖型，也就是说，雏鸟出生时没有羽毛，眼睛无法视物。幼鸟敏捷而活泼好动，长有非常迷人的绚丽多彩的羽毛。

**最小的鸟类**

与其他鸟类相比，雀形目中的鸟类体型娇小，但差异很大，从体长 5 厘米的吸蜜蜂鸟（*Mellisuga helenae*）到 19 厘米的白臀树燕（*Tachycineta leucopyga*），再到 65 厘米的渡鸦（*Corvus corax*），身材大小不等。

**雀形目中的鸟类**

雀形目被分为 144 个科，有约 6 600 种。

**雀形目鸟类占所有鸟类总数的百分比为**

**60%。**

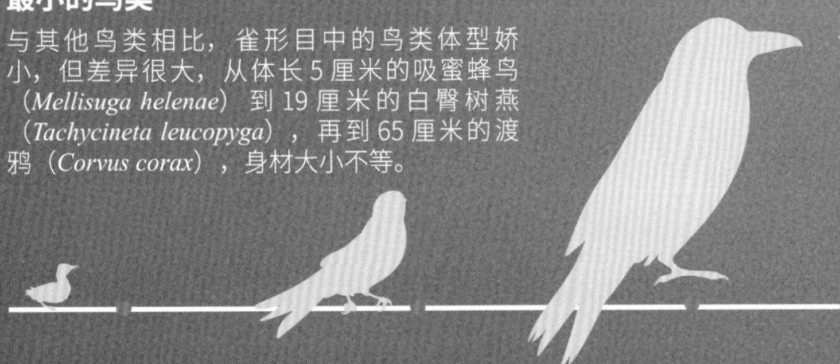

**蜂鸟** 5 厘米
为了从花蜜中获取巨大的能量，蜂鸟能够吸食相当于它们体重 2 倍的花蜜。然而，在蜂鸟令人眼花缭乱的飞行过程中，这些能量很快就会被消耗殆尽。

**燕子** 19 厘米
燕子动作既敏捷又灵巧，是分布广泛的候鸟，它们的身体非常适合长途飞行。

**渡鸦** 65 厘米
它们是杂食性鸟类，吃水果、昆虫、爬行动物、小型哺乳动物以及其他鸟类。它们能够老练地偷盗各种食物。

## 雀形目大家庭

雀形目下的各科主要可归类为 4 个基本类群，分别是阔嘴鸟类、灶鸟类（它们的羽衣颜色单调，多呈褐色，以辛苦筑巢而著称）、琴鸟类（它们的尾巴外侧有两根特别长的羽毛）和鸣禽类（以复杂悦耳的鸣啭而著称）。鸣禽类是鸟类数量最多且种类繁杂的一个类群，包括燕子、金翅雀、金丝雀、绿鹃和渡鸦等。

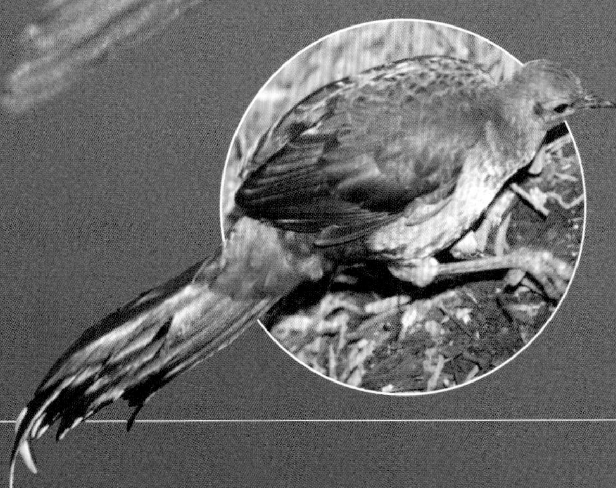

**琴鸟类**

雀形目中仅有 2 种琴鸟，而且它们只生活在澳大利亚。它们能发出优美动听的叫声，且非常善于模仿其他鸟类的声音。它们甚至还能模仿马蹄声。

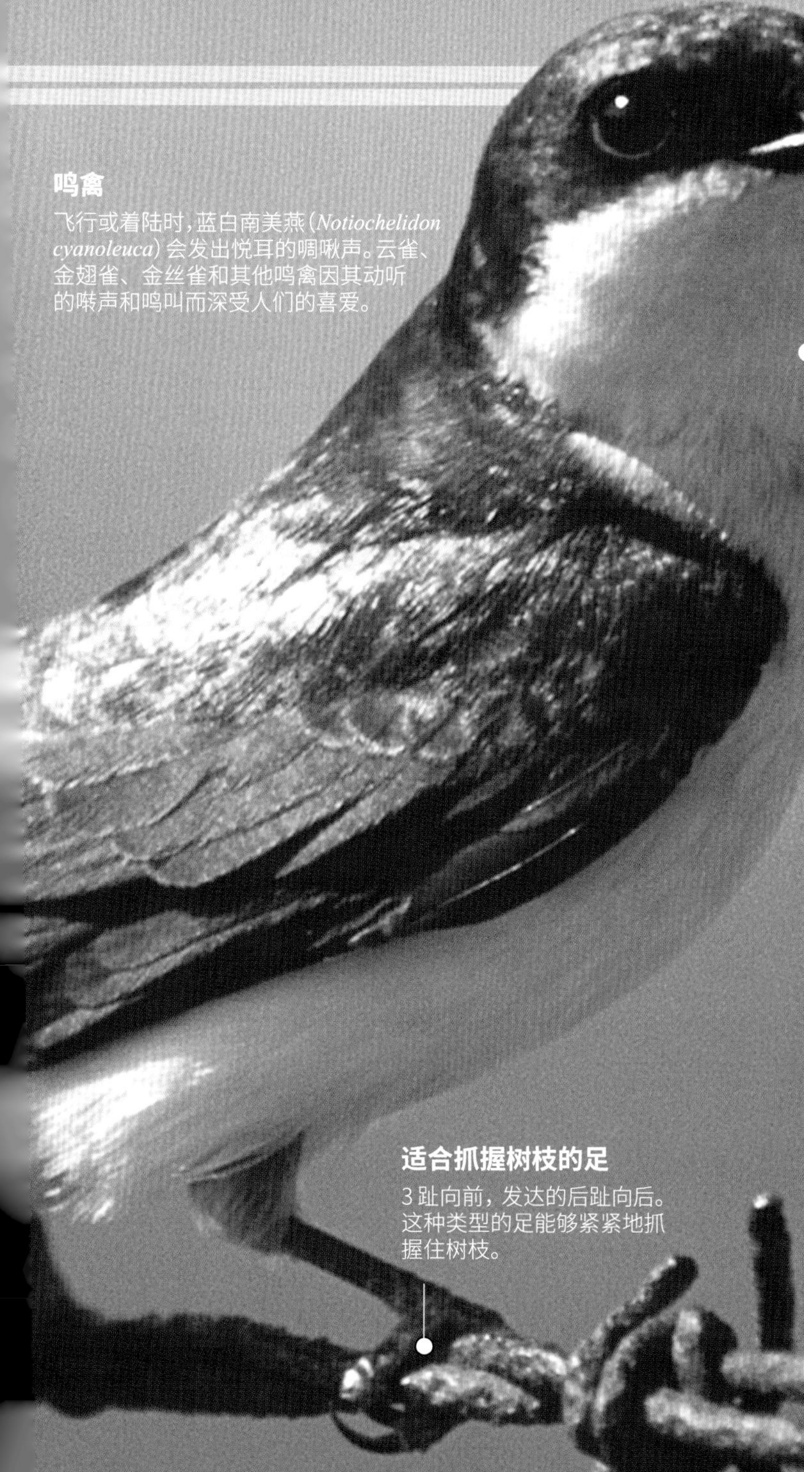

## 鸣禽

飞行或着陆时，蓝白南美燕（*Notiochelidon cyanoleuca*）会发出悦耳的啁啾声。云雀、金翅雀、金丝雀和其他鸣禽因其动听的啭声和鸣叫而深受人们的喜爱。

## 短小而坚硬的喙

燕子长有短而坚硬的喙，它们能够利用喙捕捉飞行中的昆虫。

## 鸣管

鸣管是发声器官，位于气管末端。鸣管两侧的肌肉能牵动支气管壁，当气流从此处流过时，它就会发出美妙的声音，正是这种优美动听的声音使鸣禽区别于其他鸟类。

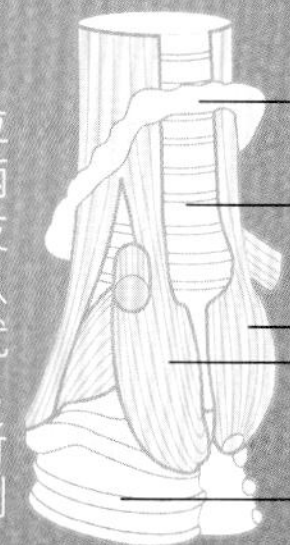


## 生活在地球两端

雀形目鸟类的栖息地遍布南北半球。它们在北方抚育雏鸟，在南方过冬。沿“美洲—太平洋环线”迁徙的雀形目鸟类能够一直飞到南半球的火地岛。它们拥有过人的方向感，在迁徙归来后，仍能找到原来的巢穴并重新使用。

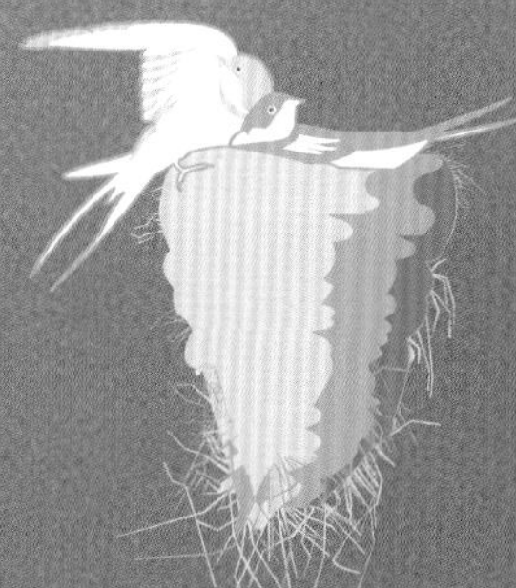

家燕
（*Hirundo rustica*）
家燕一生中的大部分时间都在温带地区度过。

**A**

在夏季的繁殖季节，许多雀形目鸟类生活在北半球的北美洲大陆上。一般而言，新热带区的候鸟是指那些在北回归线以北地区进行繁殖的鸟类。

**B**

当北半球进入冬季时，它们开始集体往南半球迁徙，最后在加勒比海和南美洲地区过冬。北美洲家燕的迁徙之旅从美国一直到阿根廷南部，全程 22 000 千米。

## 适合抓握树枝的足

3 趾向前，发达的后趾向后。这种类型的足能够紧紧地抓握住树枝。

## 阔嘴鸟类

它们是非洲和亚洲特有的鸟类，栖息在植被茂密的热带区域，以昆虫和水果为食。与众不同的是，它们能够通过拍打翅膀发出声响，在求偶期，在 60 米以外的地方都能听到这种声音。

## 灶鸟类及其近亲

灶鸟筑的巢呈顶部完全覆盖的结构，类似于炉灶。这个鸟类家族中的某些成员利用树叶和干草织成有趣的吊篮来筑巢，而还有些则在地面上挖地道营巢。

# 人与鸟类

长久以来，人类一直都热衷于研究这些会飞的生物。人类把鸟类看作一种食物来源，有时也作为预告暴雨和风暴的信号。另外，当人类与鸟类的共同天敌（如有害的爬行动物）出现时，鸟类的惊飞也会对人类起到预警作用。我们可以在文献、绘画和浮雕中找到古人崇拜鸟类的证据。埃及是世界上最早驯养鸽子的国

**欧亚鸲的雏鸟**
欧亚鸲的自然栖息地是潮湿的小树林，然而它们通常在城市中离水较近的地方筑巢。

家。有些鸟类用斑斓的色彩和婉转的叫声丰富人类的生活。而麻雀和燕子等一些鸟类能够与人类和谐地生活在城市里。如今，人类过度地开发自然资源，使鸟类的栖息地遭到严重破坏，这是鸟类物种灭绝的主要原因之一。●

# 鸟类与人类文化

鸟类既能展翅翱翔于云端，又能歌善舞，还长有华丽的羽衣，因为这些特质，鸟类在历史上一直令人着迷。有些鸟类，例如鹰，因为兼具攻击性和美丽的外表，常见于世界各地的文学作品中，在文学史上发挥了重要作用。人类赋予某些鸟类象征意义，比如当今代表和平的鸽子。人类还善于利用鸟类，过去水手常利用鸟类寻找陆地。有时候，人类还训练鸟类来帮助捕猎。

## 宗教仪式和信仰

鸟类在宗教中素来享有尊贵的地位，先是被当作图腾，后来被看作神的象征。很多宗教的主神都具有鸟类的翅膀或头颅。鸟类也被看作是上天的使者，通过其飞行为人们解读未来。在古希腊神话中，乌鸦是阿波罗的使者。玛雅人和阿兹特克人把羽蛇之神奎兹特克奉为至高无上的神，而羽蛇之神就是以绿咬鹃命名的。古埃及人奉何露斯为主神，而隼就是何露斯的化身。

**凤凰**

在中国古代，凤凰是西王母（生育与永生之神）的使者。上图所示为中国敦煌莫高窟描绘凤凰的壁画局部。

**绿咬鹃**

上图所示是玛雅人制作的带有绿咬鹃形象的陶片局部。绿咬鹃是一种生活在中美洲的长有绿色长尾巴的鸟类。根据神话传说，奎兹特克神就长着这种鸟的羽毛，被命名为“羽蛇之神”。

**迦楼罗壁画**

上图所示长着翅膀的神，是位于泰国曼谷的阿南达莎玛空宫的壁画残片中所描绘的主要人物。

**何露斯——隼**，是埃及神话中一位重要的神。它的双眼分别代表了太阳和月亮，与塞特神一起看守一只在尼罗河上载着死人升天的太阳船。

## 鹰猎

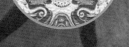

这种做法起源于亚洲，来自成吉思汗的子孙蒙古牧人的家园。直到现在，鹰猎还是部分游牧民族普遍采用的一种捕猎方式。他们利用掠食性鸟类（主要是隼）捕猎，经过训练的鸟儿通常戴着面罩停栖在主人的手臂上。捕猎时，它们会被放飞到高空寻找猎物，然后俯冲到地面捕捉猎物。最后，它们把捕到的猎物交给主人，而主人会奖励它们食物。驯服鸟类的基本过程仅需一个半月左右的时间。

**基本配备**

隼和主人都要身着特定的服装。除了手套、面罩和绑带外，现在也利用无线电发射机来确定放飞捕猎的隼的位置。

## 鸟类的象征意义

跨越东西方文化的藩篱，纵观人类历史，人类曾为鸟类赋予了各种象征意义，灵感来源之一就是鸟类的飞翔。如今，与鸟类飞行相关的最普遍的联想就是自由。在以前，人类把鸟类在春季的鸣啭看做生育和幸福的象征，而把乌鸦和秃鹫视作深沉的悲痛，还用鸟类象征很多其他事物。人类将猫头鹰当成智慧的象征，而把乌鸦当作精明的代表。在现代寓言中，鹳成为送子鸟，卵则成为象征妊娠的通用符号。

**鹰**

在古希腊神话中，鹰是宙斯的象征。古罗马人把鹰旗作为罗马军团的军旗。对于多种北美本土文化而言，鹰代表战争，也是封建领主和帝王的徽标。今天，鹰是墨西哥和美国的国家象征。

**鸽子**

鸽子在当代代表和平，然而在古希腊、古代叙利亚和腓尼基却代表神谕。在美索不达米亚和巴比伦，鸽子则象征生育。而对基督徒来说，鸽子象征圣灵和圣母玛利亚。

## 利用羽毛盛装打扮

几乎所有的文化都曾经把鸟类的羽毛用于装饰性和仪式性用途。羽毛被当做装饰物的做法一直传播到北美洲、南美洲、非洲以及太平洋西部地区。北美洲的原住民用鸟类羽毛装饰作战装备；夏威夷国王用鸟类羽毛装饰象征王权的衣物；玛雅人和阿兹特克人把鸟类羽毛用在艺术品中。

**鸟类竞争者**

当共用一块栖息地时，鸟类和人类常常会竞争资源（光、水、空间和营养物质），以农作物为食的鸟类就是例子。由于城市地区建有适合鸟类筑巢的高楼大厦，因此吸引了多种鸟类，从在广场和空地上聚集的庞大鸽群和雀群便可见一斑。

城市地区的鸽子有时数量过多。

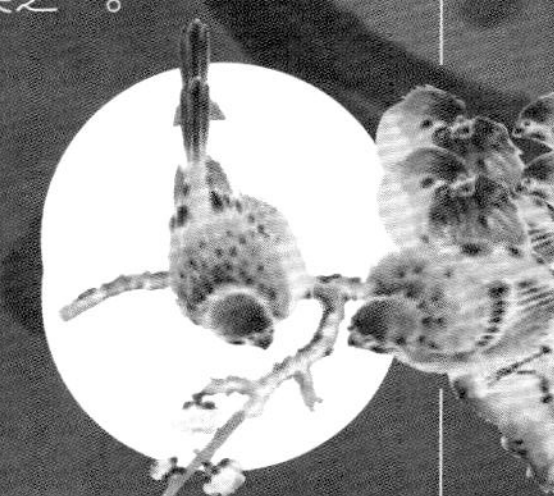

**麻雀**

麻雀是最适应城市环境的鸟类之一。

图为一名北美洲原住民身穿覆满羽毛的战服。

# 如何认识鸟类

鸟类学是致力于鸟类研究的一个动物学分支。鸟类学家和很多热切希望更多地了解鸟类的爱好者一起耐心而系统地开展研究工作。他们观察、分析并记录鸟类在自然环境中的声音、颜色、活动和行为。为了实施这项野外调查，他们研究出了多种方法和技巧，并利用技术手段去追踪样本，了解鸟类在每年特定时期的活动情况。

### 研究

针对不同鸟种在实验室进行多项解剖学、生理学和遗传学研究。

### 工作服

尽管看上去微不足道，但服装却可能成为工作中的一道障碍。工作服应该舒适柔软，合乎季节要求，并且颜色能与环境融为一体。

一部带有功强大的镜头照相机，有会拍摄到普相机无法拍的细节。

### 双筒望远镜

双筒望远镜能帮助人类在不惊扰鸟类的情况下，仔细观察鸟类的颜色和形状等细节。

## 直接观察

在鸟类的天然栖息环境中进行观察能够了解更多信息。为了更好地接近鸟类，鸟类观察者通常置身于岩石或树木的前方，以避免形成侧影。还有一种替代方法就是修建一个藏身之处，例如用硬纸板制作的空心“岩石”。无论哪种情况，观察者都要设法避开太阳，而且要做好长时间藏身的准备。

### 录音设备

记录鸟类发出的声音或鸣啭以便分辨不同鸟类。专家能够通过听录音来分辨鸟种。

### 捕捉鸟类

**雾网**
这种细密的网通常架设在沼泽地或湿地上方，能够捕捉小型鸟类。被捕捉的鸟类在被佩戴上环标或其他标识后，就会被放飞。

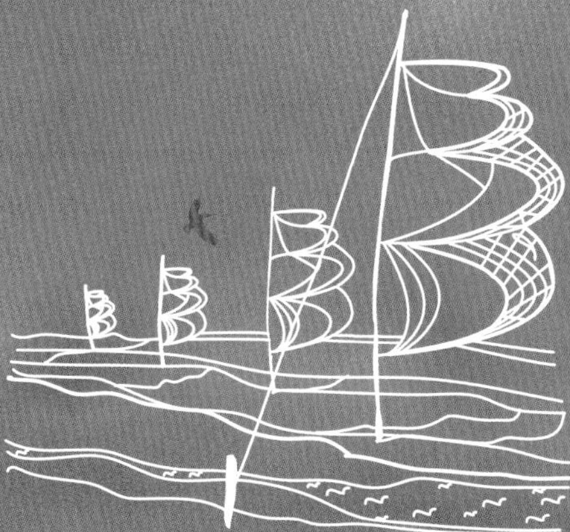

**炮网**
利用炮筒或火箭筒把炮网“发射”到鸟类所在地点。在鸟类进食或休息时，展开炮网进行捕捉。这种网用于捕捉大型鸟类。

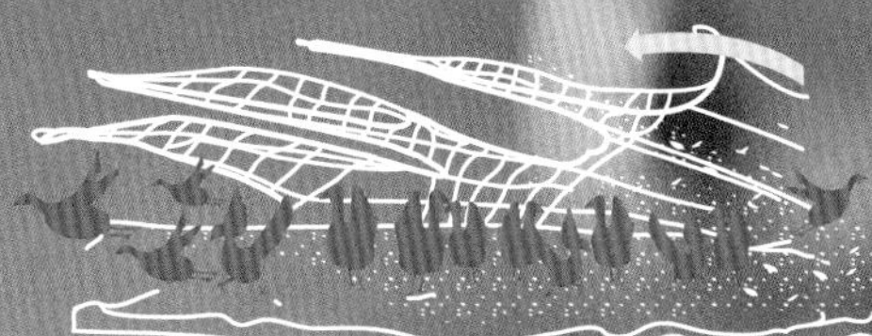

**长廊形陷阱**
它由一个大型的带刺的铁丝网漏斗或长廊构成，长廊的尽头是一个箱子。这种陷阱捕捉到的鸟类也会被戴上标签，便于以后进行监测和研究。

科学家们通过观察换羽来研究企鹅。当企鹅换羽时，它们用双腿站立，这令科学家们很难安放或观察腿部环标。科学家们改变思路，通过系在企鹅翅膀上的带状标记或植入企鹅皮下的电子芯片对它们进行研究。比较这两种方法，后者的伤害较小，因为它不会对动物产生潜在影响。

## 为捕捉到的鸟类做记号

标记技术除了能够提供一些常规数据外，还能提供有关鸟类迁徙、生存和繁殖率的数据。它不应该对鸟类的行为、寿命和社交活动产生不利影响。在任何情况下，标记过程都不应对鸟类造成伤害。为了避免伤害鸟类，人们设计出可以让它们简单而迅速佩戴的环形标记，在研究结束前，鸟类会一直保留环形标记。

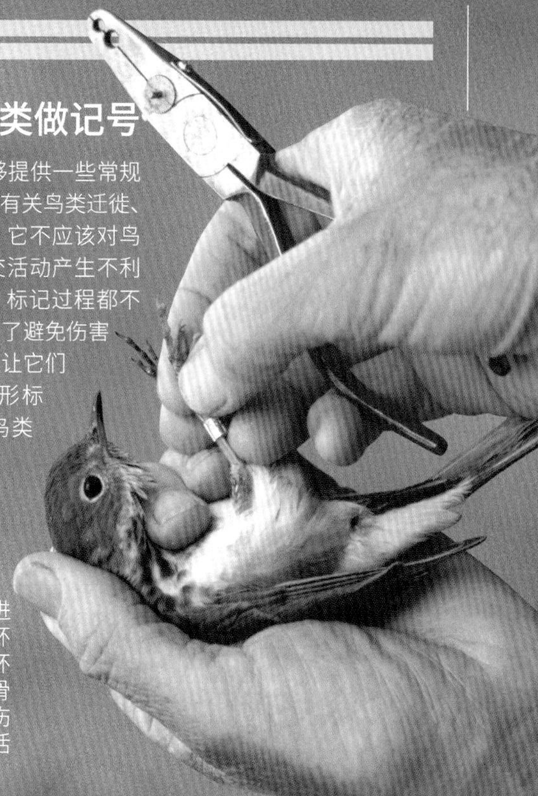

**环形标记**
采用带有编号的铝环进行标记。为鸟类佩戴环形标记时，应确保铝环能够围绕鸟类的胫跗骨滑动和转动，以避免伤害到鸟类或影响鸟类活动。

**翼部标记**
这种标记清晰可见，而且能够为个体设定识别编码。翼部标记会长时间佩戴在鸟类身上，常用于猛禽。

**颈部标记**
如果佩戴适当，颈部标记是一种非常有效且不会对鹅、天鹅或其他长颈水禽产生不利影响的标记方式。

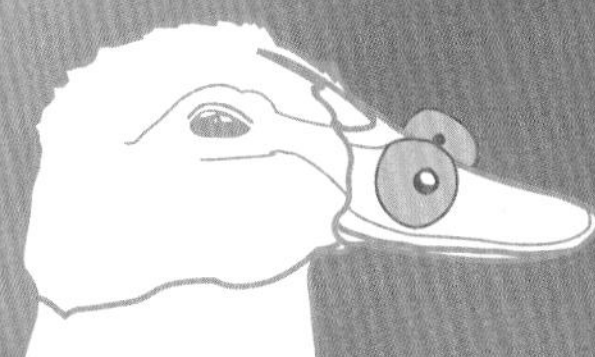

**鼻部标记**
鼻部标记是一种佩戴在喙部的带有颜色和编号的塑料圆盘形标记。它们通常被固定在水禽的鼻孔处。

**颜料和涂料**
对于栖息环境长有浓密植被的鸟类，科学家们通常会把无毒着色剂涂到它们最高且最容易被看到的躯体部位的羽毛上。

# 与人类共处

城市环境为鸟类提供了生存机会。城市环境的优点是便于觅食和筑巢。人们，无论老幼，都喜欢给这些有趣的访客喂食。当鸟类来到城市时，房屋和公园为它们提供了庇护之所。鸟类在城市中可选择多种筑巢形式。通过适应城市环境，海鸥和猫头鹰改变了它们的行为习惯。还有其他一些鸟类，例如某些麻雀，如果没有人类的帮助，它们已无法继续生存。然而，并非所有情况都对鸟类有利。在城市中，鸟类也不得不面对很多在自然栖息地不会遇到的危险，一根电线或一辆车就可能令它们丧命。

## 鸟类在哪里

在大都市里，成群的鸟类聚集在不同区域。广场、公园和花园等纷繁嘈杂的地方吸引了很多鸟类；墓地或废弃建筑物等安静而荒芜的处所是那些寻求平静生活的鸟类的选择。鸟类选择进食和休息的地方还包括有丰富食物的闲置空地和垃圾填埋场，以及较高的隐蔽处，例如露台、钟楼和屋檐。

### 城市中心区

随着天气转冷，各种鸟类从乡村和山区来到城市。一般而言，在春季到来之前，它们会一直在城市里生活。冬季，在城市中能看到更多鸟类，例如叽喳柳莺、大山雀和知更鸟。

### 闲置空地和墓地

这些地方通常都长有种子植物，远离城市中心区。因此，喜鹊和夜莺非常喜欢光顾这些地方。

隼
隼属于昼行性猛禽。它们在高层建筑物的顶部筑巢。
昼 / 夜
人工夜间照明延长了鸟类的活动时间。它们根据街道照明调整自身的活动。
鸽子
鸽子大部分时间都聚在一起，它们属于食谷鸟类，但是却能吃各种食物。
雨燕
雨燕是食虫鸟类。它们在飞行中捕捉猎物。
鹳
它们把巢建在屋顶。
海鸥
那些在垃圾填埋场寻找食物的鸟类中，经常能看到海鸥争夺食物的身影。
垃圾填埋场
猫头鹰
钟楼或废弃建筑物成为这些鸟类的家和宿舍。

### 公园和花园

皇家孔雀和绿孔雀共享这些地方，在这里它们能找到一些昆虫的微生境，它们以这些昆虫为食。公园和花园可能建有池塘，那里也是其他鸟类造访的地方。但由于环境嘈杂，很少有鸟类在那些地方筑巢。

**乌鸫**
乌鸫原为候鸟，但是由于它们适应了城市生活，就变成了留鸟。

**麻雀**
麻雀是一种饮食结构多变的小型鸟类。

**知更鸟**
它们来到城市仅仅是为了觅食。它们的啭声和羽衣都非常迷人。

**塍鹬**
它们在洞穴或裂缝中筑巢，总是临水而居。

## 城市环境

城市环境的特色在于与自然环境不同的环境和气候因素。在城市环境中，植物种类更多，平均温度更高，风较小，雨水较丰沛，天空中的云层较厚，并且太阳辐射较小。对于人类和鸟类而言，受到污染的空气和土壤都会带来有害的影响。

| 雨水**增多** | 风力强度**减小** | 市中心**温度增加** |
|---|---|---|
| 10% | 15% | 1.5℃ |

## 种群控制

由于捕食者不多而且食物丰富，城市中鸟类种群的数量成倍增长。

### 食果鸟类

**饮食**
有些鸟类是名副其实的策略家，它们能从人类活动中受益。举例来说，海鸥能以垃圾为食，大山雀通过熟练地打开容器盖子来饮用里面的牛奶，有些喜鹊会扯破厚纸箱而偷吃里面的鸡蛋。

**800 000 只**
这是生活在莫斯科的渡鸦、乌鸦及相关鸟类的数量。

**160 000 只**
这是造访巴塞罗那的**广场和街道**的鸽子数量。

# 鸟类驯养

人工饲养鸟类具有巨大的社会价值和经济价值。世界各地的商业农场和家庭农场都饲养鸟类，用于食用和销售。人类对栖息在自然环境中的鸟类进行驯养，得到种类繁多的家禽。我们把它们的肉和卵用作食物，把它们的羽毛用作制衣材料以抵御寒冷。我们也将它们用于通讯和把它们当作绚丽多彩、能歌善舞的宠物。它们对人类极度依赖，以至于有些驯养鸟类在放飞后根本无法生存。

**笼中鸟**

金丝雀原产于加那利群岛，已被人类有选择性地饲养了近四个世纪。

## 服务人类

家禽是由以下各目中的鸟类驯养而来的：鸡形目（鸡、鹌鹑、火鸡和雉）、雁形目（鸭和鹅）、鸽形目（鸽子）、雀形目（金丝雀）和鹦形目（长尾鹦鹉和鹦鹉）。在家禽农场，人们根据用途把它们分为农场鸟类（鸡形目、雁形目和鸽形目）和伴侣鸟类或宠物鸟类（雀形目和鹦形目）。饲养农场鸟类的商业农场主充分利用农场鸟类在白天非常活跃、乐于群居、杂交繁殖率高的特征，创造巨额收入。宠物鸟类因为色彩绚丽的羽衣、善于表达自己的能力和对人类友好的态度而具有可观的商业价值，这些特性使它们成为备受人们欣赏的宠物。

**火鸡**

在美洲大陆，这种鸟类是由前哥伦布时期的原住民驯养的一种野生墨西哥吐绶鸡而来的。

**鹅**

鹅是当代家养品种，由亚洲和东欧野生种驯养而来。它们很贪吃，因此很容易被养肥。

**鸭**

在东南亚，鸭是一种非常重要的食物来源。在中美洲和南美洲，鸭的消费量并不大。

**航空邮件**

1 700 多年以前，人类就已经利用鸽子来传递信息了。在战争时期，军队把鸽子作为一种辅助的通讯工具。鸽子的饲养过程是一种驯养并训练它们成为信使的行为，也是一项充分利用鸽子的机敏和智力的工作。

**禽流感**

也被称为鸟禽类流行性感冒，是由一种其菌株具有多级毒性的病毒引起的。禽流感曾肆虐亚洲市场，因为那里家禽过度拥挤的情况非常常见。这种情况导致禽流感向野生鸟类扩散。截至 2006 年，已有 3 000 万余只鸟类死于禽流感，猫、猪和人类也受到感染。

**禽流感引起的骚动和恐慌使家禽需求量在主要欧洲国家减少了**

**50%。**

病毒进入体内的渠道
消化道
泌尿生殖道
结膜
呼吸道
针刺
皮肤
伤口
1
鸭子虽然携带H5N1病毒，但是它却对这种疾病具有免疫力。
2
最常见的家禽——鸡，能感染这种病毒。
3
人类通过
与家禽接
感染H5
毒。

## 农场模式

与其他农场动物相比，家禽的成长和繁殖更为简单。家禽养殖需要一个温度、湿度和通风条件都适合的场地，以便取得理想的肉和蛋的产量。因此，对饲养区域实施连续性的环境和卫生控制是非常必要的。理想的饲养环境应能容许家禽行走、奔跑、刨地寻找食物和进行日光浴。另外，为了保护它们免受捕食者和恶劣天气的伤害，建造栏舍是必要的。栏舍能让家禽平静地休息并在夜晚安眠。

**供水设施**

10 只鸡一天能喝 2~3 升水。农场主通过摆放在鸡舍各处的水槽给家禽提供饮用水。

**混合膳食**

家禽叨啄土壤来寻找昆虫和植物根系。驯养者通过提供营养均衡的食物来平衡家禽的膳食。

**驯养历史**

鸟类驯养是一项非常古老的活动，世界不同地区的不同文化中都有相关记载。鸟类驯养与人类对定居生活方式的适应有关。

**公元前 5000 年**

**印度**
有关家鹅的记载始于公元前 5000 年。

**公元前 2000 年**

**远东**
已经在驯养绿头鸭。

**公元前 1492 年**

**墨西哥**
西班牙殖民者发现了美洲土著居民驯养的火鸡。

# 濒危鸟类

自从早期文明开始，人类的活动就已经对地球环境产生了影响。对雨林和林地的乱砍滥伐已使很多鸟类无家可归，而栖息地的丧失正是现代鸟类灭绝的一个主要原因。随人类进驻的猫、狗和老鼠等动物也对很多鸟类造成了威胁。使用杀虫剂引起的鸟类间接中毒、贩卖珍稀鸟类当作宠物以及销售鸟类羽毛等行为已经对多种鸟类造成了伤害。幸运的是，人类还有机会保护鸟类。在世界范围内保护鸟类的第一步就是了解鸟类灭绝的事实及其严重性。

## 最重要的原因

鸟类对栖息地的环境变化非常敏感，而这正是导致鸟类灭绝的主要原因（87% 的鸟类受此影响）。过度捕猎是把鸟类推到危险境地的另一个原因，这对全球 29% 的濒危鸟类产生了影响。外来物种的引入也是一个重要危险因素，它对 28% 的鸟类造成了危害。另外，自然栖息地的破坏和污染等人为干预连同自然灾害对超过 10% 的鸟类造成危害。

### 中毒

大部分猛禽因人类过度使用非生物降解的杀虫剂而遭遇危险。

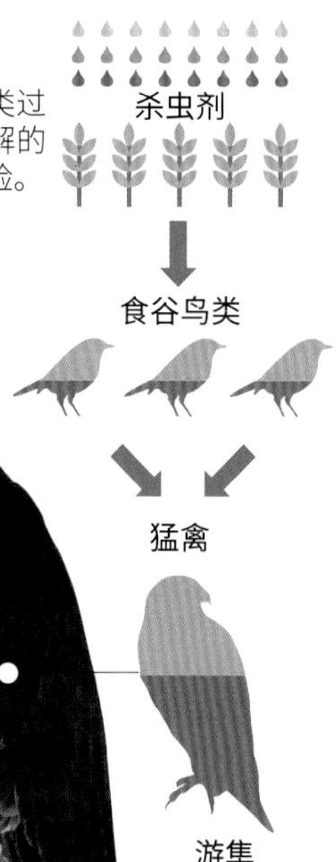


1 人类在农作物表面喷洒杀虫剂消灭害虫，这会使杀虫剂黏到种子上。

2 种子含有的少量毒素导致鸟类和其他食谷性动物体内积存大量毒素。

3 猛禽捕食食谷鸟类。杀虫剂的过度使用对猎鸟危害最大。

**加州神鹫**

（*Gymnogyps californianus*）
截至 1978 年，野生神鹫数量据估计仅为 30 只。自 1993 年起，人类开始人工饲养神鹫，然后把饲养的神鹫放归自然，研究它们的适应性变化。

**紫蓝金刚鹦鹉**

（*Anodorhynchus hyacinthinus*）
据估计在亚马孙雨林中有 1 000~9 000 只紫蓝金刚鹦鹉。

**皇抖尾地雀**

（*Cinclodes aricomae*）
生活在海拔 3 500~4 500 米、气候潮湿的山脉地区。数量不详。

**红树林树雀**

（*Camarhynchus heliobates*）
在加拉帕哥斯群岛约有 100 只红树林树雀幸存。

**挽救濒危游隼，使之免于灭绝。**

**1942 年** 美国有 350 对游隼。

**1960 年** 由于过度使用杀虫剂，游隼在野外踪迹消失。

**1970 年** 康奈尔大学人工饲养游隼，然后把它们放归大自然。

**1986 年** 在美国南部放飞 850 只游隼。

BirdLife INTERNATIONAL

**国际鸟类联盟**

国际鸟类联盟监测濒危鸟类并开展保护活动。

### 濒危鸟类等级的划分

**野外灭绝**
野生状态下已经绝迹，但人工饲养的尚有残存。

**极危**
濒临灭绝。

**濒危**
种群数量迅速下降。

**易危**
野生状态下有极高的灭绝风险。

### 地球上的鸟类

根据国际鸟类联盟统计（2008年），全世界有9 856种登记鸟类，其中1 226种有灭绝的危险。

### 灭绝鸟类

虽然人为原因不可否认，但很多鸟类是由于自然原因而绝迹的。不过，从18世纪至今发生的鸟类绝迹现象全都与人类活动有关。

**129 种** 这是从18世纪起已灭绝的鸟类种数。

**毛里求斯渡渡鸟**
由于殖民者和航海者的大肆捕杀而在17世纪快速灭绝。

亚洲
太平洋
欧洲
印度
中国
菲律宾群岛
印度洋
艾伯特王子国家公园
查沃国家公园
塞伦盖蒂国家公园
万基国家公园
克鲁格国家公园
印度尼西亚
西里伯斯岛
大洋洲
新西兰群岛

**白背兀鹫**
（*Gyps bengalensis*）
从1996年至今，白背兀鹫的种群数量下降了95%，在印度尤为严重。

**印度兀鹫**
（*Gyps indicus*）
由于兽用双氯芬酸药物的使用，印度兀鹫的种群数量明显下降。印度兀鹫吞食接受过这种药物治疗的动物的腐肉后会中毒。

**菲律宾凤头鹦鹉**
（*Cacatua haematuropygia*）
据估计全世界尚存1 000~4 000只菲律宾凤头鹦鹉。这种鹦鹉曾被肆意捕猎。

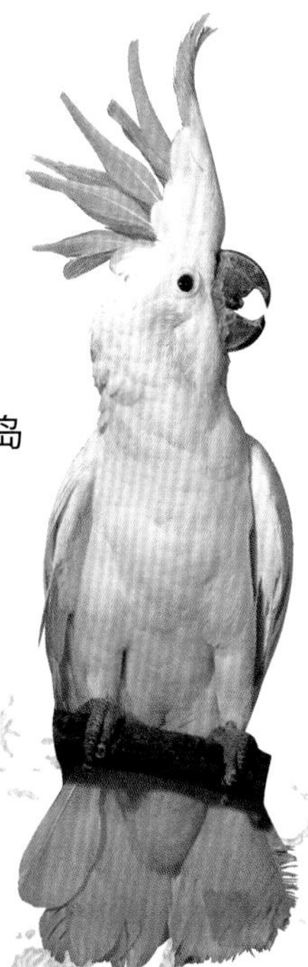

**图例**
● 表示濒危鸟类的避难所和禁猎区

**小葵花凤头鹦鹉**
（*Cacatua sulphurea*）
由于人类的捕猎行为，在三代繁衍期内，种群数量下降80%。

**坎岛鸭**
（*Anas nesiotis*）
由于哺乳动物的引入，目前坎岛内仅存50只坎岛鸭。

**20%** 的地球表面区域是所有濒危鸟类的家园。

## 人的数据

在占地球表面5%的区域栖息着世界上3/4的濒危鸟……这个区域与物种多样性较丰……的热带地区的地理位置重叠。……，热带国家在右侧图表中居……位。在一些岛屿上，濒危鸟……占比例非常高，在菲律宾群……新西兰群岛，这一比例占整……类区系的35%～42%。

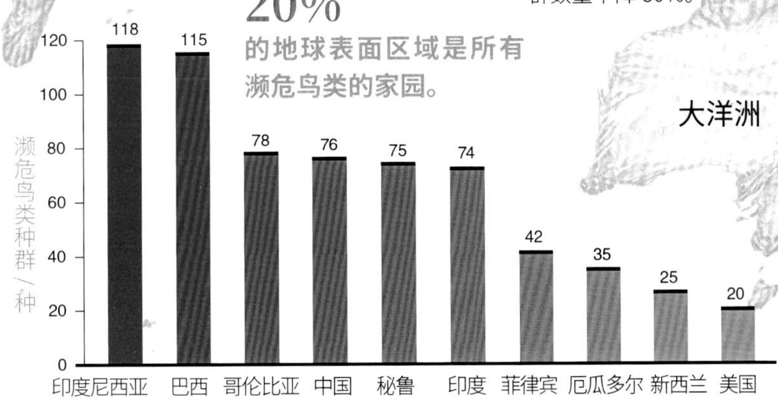

# 术 语

## 氨基酸
一种能够合成蛋白质的分子。

## 本能
发育正常的鸟类或其他动物与生俱来而非习得的行为。野鸭的后代出于本能而开始游泳。

## 病毒
一种依靠生物进行繁殖的病原体。禽流感就是依靠这种途径传播的。

## 捕食者
捕食其他动物的动物。猛禽捕食其他鸟类、哺乳动物和无脊椎动物。

## 巢栖幼鸟
孵化后无法自立而需依靠亲鸟照料的雏鸟。

## 晨昏性动物
晨昏时活动的动物，如夜鹰。

## 雏鸟
刚刚从卵壳出来、还不能独立生活的小鸟。雏鸟的饮食和安全都要依靠亲鸟。

## 单配偶制
鸟类只与一个异性个体配成一对。很多企鹅都有单配偶制行为。

## 蛋白质
构成生物体的有机高分子。通过食物中的蛋白质，鸟类摄取身体器官发育所需的氨基酸。

## 蛋白质系带
一种胚胎结构，把卵黄固定在卵白中的两段系带。

## 冻原
位于亚洲、欧洲北部和北美洲的北极地区的广阔的无树平原。

## 多配偶制
某一性别的一只动物与多个同种异性个体之间的交尾繁殖关系。如果是一只雄性动物与多只雌性同种动物的交配，被称为一雄多雌型。一只雌性动物与多只雄性同种动物交配的情况非常罕见（一雌多雄型）。

## 分布区
某个物种所生活的区域，包括这个物种在不同季节所栖息的区域。

## 孵卵
保持卵的温暖以便卵内的胚胎能够发育并孵化的行为。通常，雏鸟的亲鸟用自己的身体为卵保暖，也有些鸟类把沙子或腐烂植物覆盖在卵上来孵卵。

## 腐肉
被某些鸟类或其他动物作为食物的动物尸体身上腐烂的肉。秃鹫就是以腐肉为食的食腐性动物。

## 覆羽
为鸟类躯体和双翼提供支撑、并赋予它们符合空气动力学外观的多层正羽。

## 纲
科学家设计的用于给动物归类的众多分类单元中的一种。鸟类自身组成鸟纲。

## 攻角
当鸟类在空中捕捉猎物时，翅膀为增加或降低速度和高度所做的变化形成的角度。

## 红树林沼泽
生态系统的一种，常被视为一种生物群落。它由一种耐盐性较高的树木构成。这些树木生长在热带海岸的潮间带。具有红树林沼泽的地区通常包含河口和海岸带。

## 喉囊
某些鸟类（例如鹈鹕）在下颌底部具有的一个皮囊。

## 花蜜
花朵分泌的吸引鸟类和其他动物的甜汁。蜂鸟以花蜜为食。

## 化石
存留在岩石地层中的各种不同古生物（植物或动物）遗体或遗迹。在地表的地层能够找到化石。

## 换羽
指鸟类旧羽毛脱落，重新长出新羽毛的过程。

## 喙
鸟类颌骨上的硬壳，也叫喙嘴。

## 昏睡
鸟类的一种睡眠状态，能够降低心率和体温，以此来保存能量，尤其是在夜晚和漫长的寒冷季节。

## 激素
某些内分泌腺分泌的在身体内流通的化学物质。激素刺激、抑制或调节器官及系统的活动。

## 脊椎动物
有脊椎骨的动物，如鸟类、鱼类、爬行动物、两栖动物和哺乳动物。

## 角状物
有角的或坚实度与角类似的物体。鸟喙即为角状。

## 空气动力学外形
有些动物具有能够降低空气阻力的适当外形。鸟类的身体外形是符合空气动力学原理的。

## 蜡膜
覆盖在喙基部的一层薄薄的皮肤。

## 离巢幼鸟
破卵后即能够行动并离开巢穴的雏鸟。在不到一天的时间内，这种离巢鸟类的雏鸟就能敏捷地活动。

## 两足动物
用后肢走路、能在空中飞行或陆栖的动物。鸟类是两足动物。

## 猎物
被另一种动物捕食的动物。捕食猎物的动物称为肉食性动物。

## 鳞片
覆盖在鸟类足部全部或部分表面的真皮或表皮层。鳞片是爬行动物的遗迹。

## 卵
雌鸟产下的大而圆的、内部由卵黄和卵白构成的有壳体。如果已受精，卵内具有一个将来能发育成雏鸟的细小胚胎。当在卵内发育完成时，雏鸟就会破壳而出。

## 卵黄
卵内的黄色部分。卵受精后，卵内细小的胚胎将以卵黄（和卵白）为营养来源来进行生长发育。

## 卵齿
在胚胎期，形成于雏鸟喙尖部位的锋利的齿形钙质生长物。雏鸟在出生时利用卵齿戳破蛋壳。

## 灭绝
物种消失而不复存在。很多鸟类现在都已经灭绝。

## 鸣禽
能够鸣唱的鸟类，雀形目中有很多鸣禽。

## 鸣啭
鸟类为了划分领地界限或求偶所发出的叫声。鸟类的鸣啭或简单或复杂，有些鸣啭非常富有旋律性。

## 脑垂体
脑垂体是位于颅骨基部凹陷（蝶鞍）内的内分泌器官。它由两个脑叶组成：一个位于前部，为腺体结构；另一个位于后部，为神经结构。脑垂体分泌的激素对生物的生长和性发育等产生影响。

## 破卵
为了从卵里面出来，雏鸟啄破蛋壳的行为。

## 栖息地
动物或植物赖以生存的原有环境或自然环境。

## 气候
决定一个地区的大气条件、并与那一地区的其他地理特征相关的平均温度、湿度和气压等状况。

## 迁徙
鸟类从一个地区迁移到另一个地区的活动。迁徙通常在春季和秋季发生，也常见于其他物种。

## 前胃
鸟类的胃的第一部分，即真正的胃。鸟类的胃的另一部分是砂囊。

## 求偶
雄性和雌性用来吸引配偶的行为模式。

## 绒毛膜
包裹在两栖动物、鸟类和哺乳动物胚胎上的一层膜。

## 肉食性动物
以肉类为食的动物。

## 绒羽
一种轻柔的羽毛，与蚕丝类似，覆盖在鸟类的羽衣之下。绒羽是雏鸟体表所覆的第一种羽毛。

## 色素

改变动物或植物皮肤、羽毛或组织颜色的物质。

## 砂囊

鸟类的肌胃。食谷鸟类的砂囊特别强劲有力，它通过机械性压迫磨碎并软化食物。食物到达砂囊后与消化液混合。

## 上升的热气流

保持上升态势的温热气流。很多鸟类利用上升的热气流可以毫不费力地飞高。

## 生存环境

指与动物密切相关且影响它们的发展和行为的自然条件，例如植被和土地情况。

## 生存能力

鸟类应对环境和种内及种间关系所需要的能力。

## 生发层

形成鸟类表皮的上皮细胞层。

## 生态系统

根据同一环境中的自然因素，由生命过程相互依存的生物群落组成的动态平衡系统。

## 生物地理区

生物学家为了便于分析测定动物和其他生物的分布情况，根据某地的地理条件而划分的地理区域。候鸟通常在冬季和夏季飞越不同的生物地理区。

## 生物多样性

生物及其环境形成的生态复合体以及与此相关的各种生态过程的综合。

## 生殖腺

产生雄性或雌性配子的器官。对于鸟类而言，睾丸和卵巢就是它们的生殖腺。

## 食虫鸟类

以昆虫作为部分食物的鸟类。

## 食谷鸟类

以种子或谷物为食的鸟类。很多鸟类都属于食谷鸟类（例如鹦鹉和巨嘴鸟）。

## 食丸（食团）

有些鸟类反刍（反吐）的小而硬的团状物。食丸的成分包含部分无法消化的食物，例如骨骼、毛皮和羽毛。

## 食鱼鸟类

以鱼类为食的鸟类。

## 适应

鸟类或其他动物身体上发生的、使它们能更好地在给定环境中繁衍生息的变化。

## 适应辐射

一种初始的物种为适应特化的生活方式而演变为多种其他物种，以便各自适应其自身生活方式的进化过程。

## 受精

让雄性和雌性的生殖细胞结合的行为，能够产生一个新的个体。

## 兽脚类

食肉恐龙所属的类群。

## 松果体

位于大脑胼胝体下方的内分泌腺。它能分泌调节性行为的激素。

## 嗉囊

鸟类暂时贮存食物的与食道相通的膜囊。

## 尾羽

鸟类学中描述鸟类尾部羽毛所使用的术语。

## 伪装

一种能使动物与环境融为一体的特性。伪装能让动物在捕食者面前不被察觉。

## 尾脂腺

鸟类尾基附近的一种皮肤结构，能分泌一种油性物质，鸟类用喙把这种分泌物涂抹到羽毛上使其防水。

## 萎缩

指器官体积显著减小。不会飞行的鸟类的翅膀已经在进化过程中萎缩。

## 胃液

鸟类或其他动物的胃腺分泌的液体。

## 污染

人类行为对自然环境产生的一种后果。例如，向空气中排放工业废气就会产生污染。

## 无脊椎动物

没有脊柱的动物，例如蠕虫、蟹和水母。

## 无羽区

皮肤不长羽毛的裸露区域。

## 物种

一群其体征属于相同生殖单位的多个个体。

### 下丘脑

位于大脑基部的脑髓部位，通过神经干与脑垂体相连。在该部位能发现植物性神经中枢。

### 咸水

每升水样或水体中含有0.1~6.6克盐的溶液。

### 腺体

一种多细胞生物所具有的组织。它能够产生各种作用于鸟类身体内部或外部的物质。

### 小翼羽

能在飞行中减少空气湍流发生的刚性羽毛。

### 泄殖腔

指鸟类或其他动物的肠末端膨大处，输尿管和生殖管在那里汇合。

### 形态学

对某一物体形态或结构的研究。例如，研究鸟类足部的形态就是其研究领域。

### 胸骨

胸部正中的一块骨头。飞禽的胸骨宽大，胸肌附着在上面。

### 训练

教授动物新技能。信鸽就是经过训练的。

### 演化

一个物种为了适应环境所经历的逐渐变化的过程。

### 野外标记

能够帮助鸟类学家把研究个体与同种鸟类的其他个体或其他鸟类个体区分开的一种天然的显著特征或人工标记。

### 夜间活动性

在夜间活跃的特性。猫头鹰等很多猛禽善于在夜间捕猎。

### 易危鸟类

在自然栖息地濒临灭绝的鸟类。

### 营养物质

生物通过食物摄取的、维持生命机能的物质。

### 幼仔（幼鸟）

处于生命早期的鸟类或其他动物。有些幼鸟的羽毛颜色明显区别于同种成鸟，这使肉食性动物很难发现它们。

### 羽根

羽毛的下部不具有羽片的部分，粗而中空。羽毛通过羽根附着在皮肤上。

### 羽冠

位于鸟类头部上端的伸长或竖起的羽毛。

### 羽毛

指鸟类全身覆盖物的个体单位。羽毛由一种被称为角蛋白的坚硬物质组成。它们具有一根长管，两片羽片连接在这条长管上。羽片由均匀分布的羽支构成，赋予羽毛形状和颜色。

### 羽支

细而直的平行羽片，垂直于羽轴。羽支与棕榈树的叶片形态相似。

### 原种

物种的祖先，与现代物种亲缘关系稍远，能把一系列特征遗传给后代。

### 远洋鸟类

生活在远离海岸的开阔水面上的鸟类。

### 杂食性鸟类

食用包括动物和植物在内的多种食物的鸟类。

### 展示表演

一种用来吸引配偶注意的行为。这种行为也可用于威胁或干扰其他动物。

### 沼泽

地表上有积水的洼地，有时也称为湿地，其底部大体上为泥沼。沼泽是许多涉禽的栖息地。

### 真皮乳头

一种生长羽毛的皮肤结构，由表皮和真皮细胞组成。

### 支气管

由气管叉出的各分支。鸟类的鸣管源自支气管处。

### 种群

在相同时间内生活在同一空间的一群同种动物个体。

### 重心

作用于身体的所有重力汇合的点。

### 组织学

与动物和植物组织相关的研究。当研究鸟类解剖学时，对构成鸟类器官的组织进行分析。

Photo Credits: Age Fotostock, Getty Images, Science Photo Library, Graphic News, ESA, NASA, National Geographic, Latinstock, Album, ACI, Cordon Press
Illustrators: Guido Arroyo, Pablo Aschei, Gustavo J. Caironi, Hernán Cañellas, Leonardo César, José Luis Corsetti, Vanina Farías, Manrique Fernández Buente, Joana Garrido, Celina Hilbert, Jorge Ivanovich, Isidro López, Diego Martín, Jorge Martínez, Marco Menco, Marcelo Morán, Ala de Mosca, Diego Mourelos, Eduardo Pérez, Javier Pérez, Ariel Piroyansky, Fernando Ramallo, Ariel Roldán, Marcel Socías, Néstor Taylor, Trebol Animation, Juan Venegas, Constanza Vicco, Coralia Vignau, Gustavo Yamin, 3DN, 3DOM studio

江苏省版权局著作权合同登记 10–2021–101 号

图书在版编目（C I P）数据

鸟类 / 西班牙 Sol90 公司编著 ; 康健译 . — 南京 : 江苏凤凰科学技术出版社 , 2022.10（2024.6 重印）
（国家地理图解万物大百科）
ISBN 978–7–5713–2912–9

Ⅰ . ①鸟… Ⅱ . ①西… ②康… Ⅲ . ①鸟类—普及读物 Ⅳ . ① Q959.7–49

中国版本图书馆 CIP 数据核字 (2022) 第 073068 号

**国家地理图解万物大百科　鸟类**

| | |
|---|---|
| 编　　著 | 西班牙 Sol90 公司 |
| 译　　者 | 康　健 |
| 责任编辑 | 张　润 |
| 责任校对 | 仲　敏 |
| 责任监制 | 刘文洋 |
| 出版发行 | 江苏凤凰科学技术出版社 |
| 出版社地址 | 南京市湖南路 1 号 A 楼，邮编：210009 |
| 出版社网址 | http://www.pspress.cn |
| 印　　刷 | 上海当纳利印刷有限公司 |
| 开　　本 | 889mm × 1 194mm　1/16 |
| 印　　张 | 6 |
| 字　　数 | 200 000 |
| 版　　次 | 2022 年 10 月第 1 版 |
| 印　　次 | 2024 年 6 月第10次印刷 |
| 标准书号 | ISBN 978–7–5713–2912–9 |
| 定　　价 | 40.00 元 |

图书如有印装质量问题，可随时向我社印务部调换。